雑草は軽やかに進化する

染色体・形態変化から
読み解く雑草の多様性

藤島弘純

築地書館

はじめに

　田んぼや畑、道ばた、公園などに、さまざまな雑草が生える。こうした雑草たちは、人にとっては不快だし、農作物には有害だとして抜き去られ、除草剤で排除される。雑草を防除する話は多いが、雑草を育てるとか保護するといった話はあまり聞かない。人の生活圏に生える雑草たちは、ほんとうに、この世には不要な、人の生活環境から排除してしまってよい草本たちなのだろうか。

　今から五〇年ばかり昔の話になる。はじめて、道ばたや田畑の雑草たちが、除草剤で壊滅的に枯死している姿を見て、こんなことができるようになったのかと、驚いた。除草剤のおかげで農作業は除草という重労働から解放された。小川や水路がコンクリートで固められ、水草や雑草たちが排除された。その一方では、公園や道路の斜面に外来種の芝草が青々と茂った。

　雑草たちの生きる姿を、細胞内にある染色体（遺伝子の集合体）と呼ばれる構造物を手がかりにして追いはじめた。一九六二（昭和三七）年からであった。そして明らかにできたことの一つは、雑草たちも山野に生きる野草たちに劣らず、個性的な種分化（進化）の歴史を抱えて生きている、という現在から回顧すればいたってあたり前の、しかし普遍的な事実であった。その一部は『雑草の自然史

――染色体から読み解く雑草の秘密』（築地書館）にまとめた。本書は、その続編である。

田んぼや畑、里山に目を転じると、この半世紀の間に日本の田んぼや周囲の景観は、すっかり様変わりした。日本在来の雑草たちや小動物たちの多くが、地域の日常的な自然から数を減らしたり、姿を消していった。アブノメ（ゴマノハグサ科）やサデクサ（タデ科）のように、地域によっては見ることのできなくなった雑草たちは数多い。田んぼの水路のどこにでもいたメダカが、いつの間に絶滅危惧種に指定されるほどに激減していた。田んぼでドジョウも見なくなった。その一方で、甲長が三〇センチメートルもある大きな外来種のカメが人里の小川や水路を遊泳闊歩し、ため池で甲羅干しをする姿を見るようにもなった。

地球が太陽系という小宇宙に誕生したのは四五億年前、それから一〇億年という途方もなく長い時間を経てやっと、この地球に「生きもの」らしきものが芽生えたという。

生命の誕生後も地球環境は徐々に変化を重ね、生きものたちの栄枯盛衰がくりかえされた。原始の生命誕生から三〇数億年という悠久の時を経てやっと今、われわれが目にする多様な生きものたちが生きる地球ができあがったと、古生物学者たちはいう。しかし一方で、人類の過剰とも思える自然破壊で、多数の生物種が地球上から消えていく事実に対し、生物学の研究者たちの多くは愁眉の念を禁じ得ないでいる。

人類の〝農業〟開発は、森林破壊の道でもあった。しかし一方で、農地という人的に造成された環境に生きるさまざまな動植物を誕生させた。

本書では、私たちの身近に生きるオオバコ、スイバ、ニガナ、そして屋久島の固有種ヒメウマノアシガタ、ジャワ島に生きるスンダイカス（キツネノボタン）など計七種をとりあげた。雑草たちの種分化という歴史性の中に、野草たちとは違った立場から地球の大自然を支えて生きようとする雑草たちの姿を、生態学と呼ばれる切り口とは少し異なる側面を話題の中心におきながら、彼らが生きていこうとする懸命な姿を紹介していきたい。雑草の一つ一つが、個性的で深淵な進化の歴史を内包して生きている。

スイバの章では、日本の自然科学の黎明期（大正から昭和初期）にあって、スイバを研究材料にして欧米の研究者たちを睥睨《へいげい》して生きた日本人研究者のエピソードを挿入した。

私たちは日常性のみでなく、科学研究の分野においても雑草たちから思いもかけない恩恵を受けている、と私は思っている。

本書はどの章からでも読むことができる。興味のあるところから、掲載された写真を眺めて読みすすめていただければ幸いである。なお、写真は一部を除き、著者のオリジナルである。

目次

はじめに　3

序章　雑草とはどんな草たち？　17

雑草の定義　18
タイプ1　農地から路傍に広く生える雑草……19　タイプ2　路傍に生える雑草……19
タイプ3　農地の作付け面に限定的に生える雑草……20
「雑草のようにたくましく」は、ほんとうか……21
雑草とは野草との生存競争に負けた草本たち　22
オオバコたちが消えた……22　植物たちの生存競争は熾烈《しれつ》……24
生きることは、安穏ではない……26
雑草の起源は　28
荒地植物の起源……28　農地と荒地の共通性……30
狭義の〝雑草〟の特徴　31
(1)農地に生える……31　(2)雑草には光発芽種子のものが多い……32

(3)短期間に開花し結実する……33　(4)自家受粉で種子をつける……34
(5)種子は、いっせいには発芽しない……36　(6)不定芽を出し、すばやく結実……37
雑草は地球の救世主　37

第1章　日本の自然が育てた雑草ツユクサ
——花の形から進化を読み解く　41

ツユクサの花の形を見る　42
ツユクサとはどんな雑草？……43　花の各部の名称……44　ツユクサの花の変異……45
花序の観察　46
花軸の分化……46　第1花軸はほんとうに花軸なのか……47
第1花軸に花を見た……48　なぜ、大切だと考えるのか……48
第1花軸に苞葉をもった花序を発見……50
雑草になるための変化を種子に見る　51
雑草として生きるメリットとデメリット……51　ツユクサが選択した道……53
ツユクサたちの生態学——ツユクサたちの種の分化を見る　54
苞葉に毛をもつツユクサともたないツユクサ……54
愛媛県産ツユクサの染色体数はプロの研究者の研究結果と一致しない……57

松山平野のツユクサたち……58

ヒメオニツユクサという原始的なツユクサ　59

ほかと異なる$2n=44$ツユクサを発見……59　$2n=44$ツユクサには野草型と雑草型がある……61

朝鮮半島（韓国）のツユクサ……61　日本列島で放散的種分化をしたツユクサたち……63

日本列島での$2n=50$ツユクサの履歴書……63　北海道のツユクサの起源……65

コラム　種子を実らせたい……54

第2章　オオバコは踏まれて生きる——農道に並んで生える　67

オオバコは道路わきに並んで生える？　68

踏みあと群落の構成員……68　農道の踏みあと群落……71

オオバコはなぜ農地へ侵入しないのか……72

在来種オオバコには四倍体（$2n=24$）と六倍体（$2n=36$）がある　75

伯方島《はかたじま》（瀬戸内海）のオオバコ……75　四倍体と六倍体とでは生態的分布が異なる？……76

ヨーロッパ大陸のオオバコ　78

ヨーロッパオオバコとセイヨウオオバコ……78

ヨーロッパオオバコは後発の倍数体（四倍体）が優勢……79

ヨーロッパでは二倍体が局所分布で四倍体は広域分布……80

花粉分析から見えてくるヨーロッパオオバコの進化……81
オオバコの新天地が開けた……81
日本産オオバコの地理的分布は、四倍体が六倍体よりも優位 82
在来種オオバコの形態的変異 83
オオバコの葉の大きさや形を調べてみよう……83
神社仏閣に生えるオオバコは葉が小さい……85
矮性オオバコは多種存在するのか？——神社仏閣と屋久島のオオバコ 87
神社仏閣の矮性オオバコをDNA解析する……87
矮性オオバコは人家の庭にも生きていた……88
屋久島の山岳に生きる矮性オオバコ——ヤクシマオオバコ……90
屋久島固有種の分化は、どのようにして起こったのか？……91
セイヨウオオバコ（2*n*＝12）が日本列島へやって来た 93
在来種オオバコは、なぜ外来種のセイヨウオオバコに似ているのか 94
失敗は成功のもと……94
異質倍数体（AABB）……95
同質倍数体（AAAA）……98
オオバコの遺伝子解析……98
コラム　オオバコの花は雌性先熟……73
コラム　日本の植物によく似たハイカラさんたちがやって来た……96

第3章　スイバには雄株と雌株がある——日本の学術研究に貢献した雑草 101

スイバという雑草——その地理的分布 102

日本列島での分布……102　スイバの生活史……102　スイバ群落の消長……104
スイバの近縁種……105　ままごと遊びの材料に……106
スイバには雌株と雄株がある　108
花びらを散らさない雌花……108　雌雄異株の植物……109
スイバの染色体　110
染色体の数は種ごとに決まっている……110　スイバの性染色体の発見……112
性染色体が見つからない……112　大正末期から昭和初期頃の染色体観察の技術……116
現在の観察技術でスイバの性染色体を見てみよう……117
核型とは　118
スイバの染色体数は雄株が$2n=15$、雌株は$2n=14$……118　初期の核型研究……120
中期の核型研究……121
韓国産スイバの染色体　121
ヨーロッパのスイバの染色体——イギリス・スコマー島のスイバ　122
スイバの性染色体　124
スイバにはY染色体が二個ある……124　Y_1染色体とY_2染色体の判別①……125
Y_1染色体とY_2染色体の判別②……125　Y染色体の異常凝縮……125
Y染色体の形態的多様性　128
Y染色体の一部がX染色体へ転座……128　生化学的識別……129　分子生物学的識別①……130

分子生物学的識別②……130

植物の性——スイバを例にして 134

スイバは雌株が多い……135
スイバの性比を調べる——松山（愛媛県）・高知（高知県）・鳥取（鳥取県）……135
調査地での性比は安定しているか……136　ヨーロッパでもスイバ集団は雌株が多い……137

コレンスの仮説——競争受精 137

コレンスの仮説とは……137　コレンスの行った検証実験……138
コレンスの実験を追試する——少量受粉と大量受粉……139　追試の結果……139

スイバの生育環境で集団内の性比は変わる 141

農道法面での調査……141　草地、農地、海岸砂丘の三集団間で性比を比較……142

スイバの性表現は、性染色体と常染色体との共同作業 143

染色体から見たスイバの性決定……143　野外で見る間性個体……146

田舎のあぜ道でスイバを見る——種分化的な見方 146

コラム　種子を花びらで包んで見守るスイバ……109
コラム　スイバの性染色体発見の裏話……114
コラム　「科学的」という言葉の魔術——染色体の観察技術を例にして……132
コラム　スイバの穂や葉を観察しよう……149

第4章 ニガナは草原の植物——氷河期を生きた 153

ニガナと呼ばれる植物 154
ニガナの分布……155　ニガナの仲間たち……155　太古の自然が日常性の中にある日本の自然……157
ニガナやハナニガナを探す……157　イソニガナの自生地は限定的……159
形態分化のあいまいさ 162
形態が変わるニガナたち……162　花弁数の変異……164
染色体数の変異 165
染色体数は2n＝14、21、28……165　三倍体ニガナの不思議……167　三倍体植物の特徴……168
ニガナとハナニガナは別系統の植物か？ 169
形態分類学上の位置づけ……169　〝ニガナとハナニガナの関係を再考する〟という歴史的な話……170
核型のデータ解析を省略できないか？……171　花粉粒の大きさを調べる……171
花粉粒の倍数体調査でわかったこと……172
ニガナやハナニガナで明らかになったこと 173
(1)外部形態からは種を分別できない……173　(2)茎葉の形態がニガナとハナニガナとは異なる……174
(3)人工雑種の作出実験でわかったこと……174
ニガナ類では三倍体（2n＝21）が最多なのはなぜ？ 175
日本のヒガンバナは九九％が三倍体……175　ニガナの三倍体が種子をつけるのはなぜか……176

無配生殖をする……177
ニガナ類の核型は、種間でたがいに類似している　178
ニガナ類の共通祖先は、どんな核型をしていたのか……178
ハナニガナの2n＝21および28の核型……178
ニガナ類（ニガナ属ニガナ群）の種分化　179
日本の高山に隔離分布するニガナ類……179
倍数体の派生……181
外部形態の分化……182
ハナニガナと呼ばれるニガナ植物　183
イソニガナとハナニガナの進化……183
イソニガナとハナニガナの関係を分子生物学的手法で解析……185
コラム　イソニガナの他家受粉のメカニズム……163

第5章　日本のキツネノボタンの祖先植物がジャワ島に生きる
——氷河期に大陸から日本列島へやって来た雑草

189
日本列島での地理的分布　191
ジャワ島で発見された日本と同種のキツネノボタン……192
日本列島でのキツネノボタン四サイトタイプの地理的分布……193
キツネノボタンは松山型が祖先型？……194
キツネノボタンの核型、ユーラシア大陸と台湾では異なるか？　196

朝鮮半島産キツネノボタンは唐津型……196
中国本土産キツネノボタンの核型は牟岐型と小樽C型……197
中国本土や台湾のキツネノボタン……197
スンダイカス（ジャワ島産）という雑草がやって来た……198

ジャワ島に生えるキツネノボタン（牟岐型）
——スンダイカス（キンポウゲ科）の染色体を見た 199

ジャワ島に生えているスンダイカスと呼ばれる雑草……199
冬の雑草キツネノボタンが赤道直下ジャワ島に生きていた……201
キツネノボタンとスンダイカスとの関係——細胞遺伝学的検証……202
スンダイカスの染色体はキツネノボタン牟岐型と等質……204

日本列島でのキツネノボタンの種分化を再考する 206

キツネノボタンは日本列島で跳躍的に種分化し、そして適応放散した 207

海洋島的な大陸島、日本列島の自然……207
日本列島へ人類がやって来た……209
ヤマキツネノボタン（有毛型キツネノボタン）からキツネノボタン（無毛型）への変身……210

第6章

雑草から野草に帰り咲いた植物
——屋久島の矮性植物ヒメウマノアシガタ 213

固有種の種分化 215

屋久島の固有種は母種との間に生殖的隔離が成立していない……215
ヒメウマノアシガタの誕生……216
ヒメウマノアシガタの種分化 217
ヒメウマノアシガタとウマノアシガタ……218　外部形態の比較……218
葉形にネオテニーを見た……219　花期を比較する……221
細胞遺伝学的な視点から 222
体細胞で染色体を見る……222　染色体の遺伝学的相同性……224
ウマノアシガタとヒメウマノアシガタの関係――屋久島での種分化 225

第7章 踏みあと群落の代表種、スズメノカタビラ 229

スズメノカタビラとはどんな植物か 230
どこにでも見られる雑草、スズメノカタビラ……230　よく似ているツクシスズメノカタビラ……232
両種の分布……234
外来種のツルスズメノカタビラが生える 235
多年草のスズメノカタビラ……235　ツルスズメノカタビラが生える場所……236
砂丘の大地の救世主だった外来種……237

第8章　雑草を考える——田んぼの自然が変わった　241

森林の思考と砂漠の思考　243

日本人の思考……243　合理の思考は田んぼを変えた……243　小さい農業と大きい農業……244

小さい農業が内包する農地の永続性……245

小さい農業の消滅　247

農業の機械化と圃場整備……247　労働時間の短縮……248　農地の構造的変化……248

動物相や植物相の変化　249

田んぼの小動物や雑草が消えた……249　外来種がやって来た……252

消えた赤トンボ——植物相の変化が与える動物相への影響……253

失われた田んぼのさまざまな機能　255

田んぼ植生の単調化は危険　258

おわりに　260

引用・参考文献　264

序　章

雑草とはどんな草たち?

雑草と共棲する小動物
左：花とアマガエル。ヒメジョオンの花に吸蜜に来る虫たちを捕食する
右：風をさけるベニシジミ。カラスノエンドウの枝間に逃避している

雑草の定義

雑草という語の意味は、使う人によってかなりの広がりがあるようだ。みなさんは〝雑草〟という語に、どんな草をイメージされるだろうか。

〝雑草〟を『日本語大辞典』で見ると「農耕地に発生し、作物の生育に影響をおよぼす草本植物。広くはあき地、路傍などに生育する野草も含める」とある。

農学的定義の〝雑草〟は、右の説明の前半、「農耕地に発生し、作物の生育に影響をおよぼす草本」を指す。生える場所を特定して耕地雑草、水田雑草、畑雑草、時には、あぜ雑草とか農道雑草などとすることもある。

しかし広く、あき地や路傍、河川敷、堤防なども含めて、人の生活圏（人里）に生える草本類を日常的には〝雑草〟（人里植物）と呼んでいる。文学的表現の「雑草のように、雨にもめげず……」は、この日常語的な意味での〝雑草〟のようだ。

生態学的定義には「人間の活動にとって望ましくない草本植物の総称」、生物学的には「農耕地や林野などで人間の生産目的にそぐわない無用ないし有害の草本」がある。しかし「望ましくない」とか「無用ないし有害」は何を意味するのかよくわからない。開発先進国に見られるように、人類による自然の改変が過度な地域では、この定義には違和感をもつ人もあるだろう。

以上の紹介は、二〇年ばかり前の生物学や農学の研究者たちが書いた本に示された定義である。当時の研究者たちの、雑草への認識がよくわかる。

雑草たちは生え方によって、次の三つのタイプにおおまかに分けられる。

タイプ1　農地から路傍に広く生える雑草——例：ツユクサ

ツユクサは畑や果樹園、時には水田のあぜに侵入して雑草（狭義の雑草）になる。しかし、道ばたや河川堤防などにも群生し、人里植物的な生き方（広義の雑草）もする。

ツユクサは人によって自然（自然植生）が壊された場所へなら、どこへでも侵入して生きている。森林が伐採されると、その跡地へもいち早くやって来る。すなわち〝パイオニア（先駆）植物〟の一つでもある。

タイプ2　路傍に生える雑草——例：オオバコ

舗装されていない農道を歩くと、人の踏みあとや車の轍《わだち》に沿って生えているオオバコが目に入る（第2章の**図4**）。農道ばかりではない。日常的に利用する道路（生活道路）（**図1**左）や登山道の縁《へり》、公園の広場、運動場のすみなどでも見られる。

ところが、栽培植物が植栽される農地内でオオバコを見ることは、まずない。

ラン科植物の一つ、ネジバナ（**図1**右）も、オオバコに似た生え方だ。学校の運動場や公園のすみ、田んぼや畑のあぜ、草がまばらな河原、さらには人家の庭などにも生える。しかし、耕作地内への侵入は、まずない。

タイプ3　農地の作付け面に限定的に生える雑草——例：ミズワラビ

ミズワラビ（シダ植物）は柔らかく、多肉な植物体をもつ（**図2**左）。稲刈りが終わった秋の湿った水田内に栄養葉（胞子をつけない葉）を広げ、秋が深まる頃には各株から胞子葉（胞子をつける葉）を立てる（**図2**左、矢印）。彼らは、あぜや農道へと生活圏を広げることはない。

ウリカワ（オモダカ科）も湿った田んぼに広がり、秋に花軸を立てる（**図2**右）。

図1　左：道の端に沿って群生するオオバコ　右：庭に生えるネジバナ

この限定的な生え方は、オオバコやネジバナに似ている。耕作地に限定的に生えるという点で、農学的な意味での〝雑草〟の生き方を堅持している。ところが、この生え方の律儀さが災いして、除草剤の薬害を受けやすく、ミズワラビやウリカワの生える水田を、最近ではほとんど見かけなくなった。アブノメ（ゴマノハグサ科）やマツバイ（カヤツリグサ科）もミズワラビに似た生え方をする。

一口に〝雑草〟といっても、少し詳しく見ていくと、彼らの生き方は、ここに例示したように、多様である。

「雑草のようにたくましく」は、ほんとうか

雑草は時として、「雑草のようにたくましく……」などのように比喩的に語られる。雑草は、そんなにも強靭な生き方のできる草本類なのだろうか。

初夏の畑地には、さまざまな種類の雑草が葉を広げる。

図2　左：ミズワラビ。稲刈り後の水田で葉を広げる（矢印は胞子葉）
右：ウリカワの雄花

例えば、ツユクサは農地に茎を這わせて、あっという間に耕作地面を覆いつくす。抜き捨てたツユクサを放置すると、一週間後には節々から新しく根を出して、生き返ることもある。まさに「強靭」そのもの、といった感じだ。

タネツケバナ*は畑にも水田にも生えてくる。きれいに抜き去っても、何日かすると、再び耕作地にタネツケバナが芽吹いている。スズメノカタビラも同様だ。除草した後から、新しい個体が芽吹く。水田の中のイヌビエも、そうだ。

こうして見てくると、「雑草のように……」の表現は、彼らにぴったりの形容だともいえる。しかし、彼らを少し長期的に観察してみると、彼らの強靭さは少々あやしくなってくる。

＊——形態的また生態的な視点で何種かに分類されるが、ここではタネツケバナとして一括表記した。

雑草とは野草との生存競争に負けた草本たち

オオバコたちが消えた

庭の日当たりのよい場所を選ぶようにして、オオバコたちがかなり密に生えていた（A地点と仮称）。このオオバコたちの生育するA地点の除草を中止してみた。

すると、コナスビ、ノチドメ、ホシダ、コモチベンケイソウ、カラスビシャク、スズメノカタビラ、カタバミ、ヤブタビラコといった草本たちがオオバコたちと混生を始めた。

五年目、オオバコたちの被度（地面を覆っている百分比）は三〇％、若い稚苗の混生は皆無。

そして、除草を中止して七年目にオオバコたちはほぼ消滅した。

除草を中止する以前に、オオバコたちが生えていた最初のエリア（A地点）内に、数本のサザエオオバコ（葉身を右または左巻きに展開させる。オオバコの園芸種）を混植しておいた。オオバコたちの個体識別を容易にするためだ。

このサザエオオバコたちの至近に芽吹いた雑草たちの幼苗は、人が抜きつづけた。すると、サザエオオバコたちは今も元気に、A地点で生きつづけている。一方、侵入者の除去をしてもらえなかったオオバコたちは、侵入してきた雑草たちに場所を占拠され、A地点からすっかり姿を消してしまった。

侵入者たちに場所を譲り渡したオオバコたちは、どうなったのか？

かつての場所から一三メートルばかり離れた庭の一隅（B地点）で、新しい群落をつくって生きている。この場所は、日当たりはよいが、かなり頻繁に人が歩きまわり、人の踏み圧が恒常的にかかる。ここにはノシバやノチドメが背を低くして生えていた（先住者）。しかし、B地点へやって来たオオバコたちは、人に踏まれながらも個体数をどんどん増していった（被度：八〇％以上）。B地点にはサザエオオバコの実生苗も見られるので、B地点に新生したオオバコたちは、A地点から移住してきたオオバコたちだと判断した。もう一〇年を超えてオオバコたちはノシバやノチドメたちと共存しつづけている。しかし、B地点へはコナスビやホシダ、ヤブタビラコたちの侵入はない。

A地点からオオバコが消えた要因の一つは、新参の侵入者たち（コナスビやヤブタビラコ、カタバミたち）によってオオバコの光合成や種子発芽が抑制されたことのようだ。

庭のネジバナ群落も毎年少しずつ、日のよく当たる場所へと移動している。庭の樹木が枝を伸ばし、クサソテツが葉を広げているる近くでは、ネジバナの個体数は減りつづけている。光要因がネジバナたちの生存に重く作用している。

植物たちの生存競争は熾烈《しれつ》

植物たちは地面に漫然と生えているわけではない。それぞれが水や気温、光といった自然の無機的環境に適応しながら、かつ雑草たちどうしで激しい生存競争を展開して生きている。このことは、山野の野草も田畑の雑草も同じだ。

雑草たちどうしの相互作用の一方で、雑草たちは彼らの周辺に生きる動物たちとも深い関わりをもちながら生活を展開している。

図3 ミゾカクシの花を訪れたヒラタアブ

訪花昆虫たちに花粉を運搬してもらったり（**図3**）、農地を駆けるハタネズミに種子の散布を助けてもらったりなどである。彼らは自然の中で、孤高に生きているわけではない。

気温や光が植物たちの生育や生活を規制していることは、日常的に、また直感的に、読者のみなさんが理解されている通りだ。

とくに光要因は、植物の生死を即応的に決定づける。植物は光合成をして生きている。緑色植物にとって、光は生きるために不可欠、かつ決定的外的要素の一つになる。

動物にとって食物は、生きるため（個体維持）の不可欠な外的要素であるばかりでなく、子孫を残せるかどうか（種族維持）の大切な外的要素でもある。芽生えた場所でしか生きることを許されない植物にとって光の確保は、同じ親植物から生まれ育った兄弟植物間でも、生死をかけて争わなくてはならないことの一つである。

図4は、春の路傍（三〇×二〇センチメートル）に発芽した二六七個体のツユクサたちだ。これらの幼いツユクサたちが、

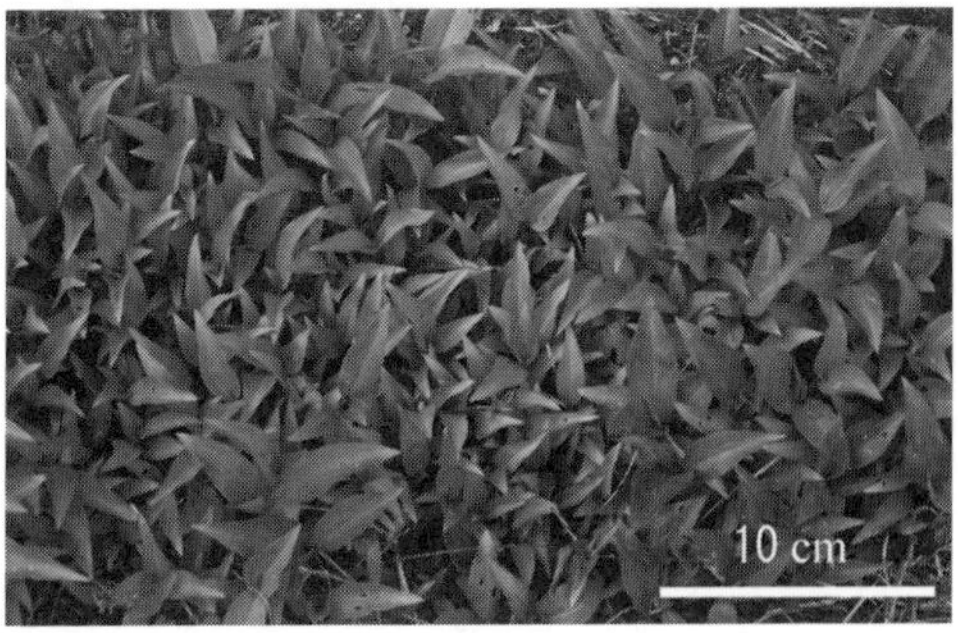

図4　ツユクサの発芽
30×20cm の地面に 267 個体がひしめく。最終的な生き残りは 2 ～ 5 個体

この場所で盛夏まで生き残り、花をつけ、秋（九月）に種子を実らせることができるのは、わずかに二個体か、多くても五個体である。残りの個体（九九％以上）は、光の争奪戦に破れて消え去る運命にある。少数の生き残った個体のみが、丈夫な茎と葉を広げ、次々に花を咲かせて、たくさんの種子を地上へ残すことができる。同胞といえども、生存競争は熾烈をきわめる。

生きることは、安穏ではない

生態系の底辺にいる動物、例えばアカテガニ（海浜のカニ）のメス一匹は生涯に数万の卵を産むといわれる。シシャモ（メスは干物で店頭に並ぶ）は一回に数千を産卵する。しかし、彼らの卵の九九・九％は、孵化《ふか》しても親にはなれない（生き残れない）。ライオンやシロクマのように地域生態系の頂点に君臨する動物の仔も、親になれる個体は五〇％以下だともいわれる。

野生の植物も動物も、この世に生まれて親になるまでの生き残り競争（生存競争）は、壮絶そのものだ。少しの手抜きも許されない。子を産み、そして育てる営みは、ごく限られた個体のみに許された行為でしかない。

ある年、ツブラジイやコナラ、キリシマツツジ、サンゴジュなどの庭の樹木に囲まれて立つツバキの古木にキジバトが巣をかけ、夫婦が共同して二羽のヒナを育てはじめた。人里深くにキジバトが営巣し、ヒナを孵化させることはめずらしい。一人の小学生（六学年）がキジバト夫婦の努力の日々を、見守りはじめた。

ヒナの姿が樹間から確認できるほどになったある日、近くでカラスの鳴き声が何度か聞こえた。その日を境にして、キジバトのヒナの姿が消えた。親バト夫婦の、ヒナを呼びながら庭の草地や樹間を飛び歩く姿が何日か続いた。そして、キジバト夫婦の姿も庭の雑木群から消えた。この世に生き残ることが、そして子を育てることが、自然界ではいかに至難なことか。

　冬のある日、海岸近くの山あいの上空を、一〇数羽のイエバトの群れが人里のほうへと羽音も高く急ぐ姿が目に入った。ハトの群れの異常な羽音に目を凝《こ》らすと、群れの後方に空高く、一羽のハヤブサが矢のように接近してきていた。ハヤブサは羽をすぼめ、ハトの群れに向かって急降下を開始した。そして、一羽のハトに激しく体当たりしたかのように見えた。

　ハトの一羽が群れからはじき出され、数枚の羽が空中に舞った。反転したハヤブサは、群れからはぐれたハトをわしづかみにし、海辺の空へと高度を上げた。ハヤブサに捕らえられたハトの悲鳴が、何度か聞こえてきた。ハトを両脚に抱え

図 5　一瞬の油断が死を招く
ツクツクボウシを捕まえたオオカマキリ

たハヤブサは、やがて空のかなたへと消え去った。

野生に生きるとは、常に死と隣りあわせであることを思い知らされた（**図5**）。

雑草の起源は

荒地植物の起源

熱帯雨林には、多種の植物が、ほぼ直線的に天をつくように伸びあがって繁茂する。熱帯雨林を構成する樹木の一つの特徴である。

限られた土地面積に多種の樹木が茂る森林の中では、少しでも早く、隣に生きる植物よりも高くに枝葉を広げることが、太陽の光の恩恵を享受でき、生き残ることにつながる。競って、上へ上へと伸びる。より速やかに、より高くに幹を伸ばした個体が、太陽の恵みを受け取ることを許され、結果的に森の構成員の一本になれる。

だが、暖帯や温帯地方の植物は、それだけでは生き残れない。

図6は、二〇一一年一月の山陰豪雪で幹や枝が折れたクスノキである。クロマツ、ヤマモモ、アラカシ、ウラジロガシ、ウバメガシ、ネズミモチ、ツバキなど、多くの常緑樹種がクスノキのように幹

が折れ、枝を落とした。常緑樹ではあるが幹や枝がたわみに強いヒノキやユキツバキ、ヒイラギなどはよく耐えた。エノキ、ケヤキ、コナラ、ミズキ、ヤマザクラたち（落葉樹）は冬季に葉を落とす。着雪による幹や枝への物理的負荷は、常緑樹よりもはるかに軽い。北国の山野に、ブナ林などの落葉樹の森が広がることの理由の一つを示唆する出来事であった。

低温に加えて、強い風の衝撃を受ける高山の植物は、幹を矮性《わいせい》にして地面を這ったり、枝を風下へ伸ばしたりして、特異な樹形を演出する。

自然界に生きる植物たちは、それぞれの地域に密着した適応を果たし、生存競争の中で生きぬこうとし、生き残ってきた者たちだ。向陽地には強い光を好む植物が、陰地には弱い太陽光の下でも生きられる植物が、湿地には多くの水分を要求する（浸水に耐性のある）植物が集まり、それぞれの集団（群落）内で、はげしい生存競争を展開して生きる。

自然界の生存競争に耐えきれなくて、洪水や崖地の滑落、地殻変動などで新しくできる崩壊地（荒地）に生きる場を求

図6　2011年1月の豪雪で幹や枝が折れたクスノキ（鳥取市）

め、ほかの植物に先駆けてやって来る一連の植物群がある。彼らをパイオニア植物（先駆植物）、あるいは〝荒地植物〟と呼んでいる。

道路工事などで植生がはぎ取られてしまった山の斜面や路肩などには、草本類では例えば（外来種も含めて）オニウシノケグサ、メリケンカルカヤ、ススキ、ヨモギ、スイバ、クズなど、木本類ではヤシャブシ、アカメガシワ、クサギ、アキグミ、コマツナギ、クロマツなどが侵入する。荒地植物たちである。

農地と荒地の共通性

狩猟生活をしていた人類は、やがて森を切り開いて、土地を起こし、農耕を始めた。人が農業を始め、特定の土地に定住するようになると、そうした地域の自然は人の生活活動で、大なり小なり破壊される。こうして、人の生活によって自然が壊され、新しくつくられた環境（人的荒地）を〝人里〟と呼ぶ。この人的荒地で生きる植物たちを〝人里植物〟と総括的に表現することもある。しかし、本来的には〝荒地植物〟である。人里に生える草本類を広い意味で〝雑草〟と呼ぶことは、すでに書いた。

農地は人によって定期的に、また目的的に植生が破壊される。すなわち、定期的にくりかえされる農耕という人的破壊行為で作出される〝人的荒地〟、それが田や畑である。換言すれば、農地が自然発生的な荒地と異なる点は、

①人によって、植生破壊が定期的に起こること
②施肥によって、土壌が高窒素化していること、である。
この①と②の外圧に耐えることができる術《すべ》、すなわち人的荒地（田畑）に適応する術を身につければ、多くの野生植物たちと、また自然発生的な〝荒地〟での荒地植物たちとの熾烈な生存競争から解放され、自分たちの新しい天地を切り開いていくことができる。こうして田畑に侵入して生きる荒地植物が、すでに述べた農学的な意味での〝雑草〟と呼ばれる植物たちである。

狭義の〝雑草〟の特徴

⑴農地に生える

農地に限定的に生えている草本類を〝雑草〟と定義すれば、「農地に生えている」こと自体が雑草の第一の特徴である。

水田では、タイヌビエ、カズノコグサ（イネ科）、ウリカワ、アギナシ（オモダカ科）、アゼトウガラシ（アゼナ科）、スズメノトウガラシ（ゴマノハグサ科）、タガラシ、キツネノボタン（キンポウゲ科）、ミゾソバ、サナエタデ（タデ科）、タカサブロウ（キク科）、イボクサ（ツユクサ科）、ミズオオ

バコ（トチカガミ科）、ミズワラビ（ミズワラビ科）、アゼガヤツリ（カヤツリグサ科）、イ（イグサ科）、ウキクサ（サトイモ科）など。

畑では、メヒシバ、エノコログサ（イネ科）、ヨメナ、チチコグサ、ヨモギ、アキノノゲシ（キク科）、スベリヒユ（スベリヒユ科）、ハコベ（ナデシコ科）、ナズナ、イヌガラシ（アブラナ科）、ホトケノザ（シソ科）、エノキグサ（トウダイグサ科）、イヌタデ、ミチヤナギ（タデ科）、ハマスゲ（カヤツリグサ科）、カタバミ（カタバミ科）、スギナ（トクサ科）など。

(2)雑草には光発芽種子のものが多い

発芽に光刺激が必要な種子を光発芽種子という。

二つの皿に、トウモロコシの種子を一〇粒ずつ入れて水を加える。一つは窓辺に、ほかの一つは黒いシート（紙）に包んで部屋（室温二七℃）に置くと、五～七日後には、どちらの皿の種子も八〇％以上が発芽を始める。トウモロコシ種子の発芽は、光の存在とは無縁（中性）である。

農地の雑草は、作物が茂る中で種子を発芽させても、自分たちの芽生え（幼植物）が太陽光の恩恵を受けるチャンスは低い。

水田雑草の一つ、キツネノボタンは、春に結実した種子は地面に落下して、直ちに発芽する。ところが、初夏に実った種子は、すぐには発芽しない（休眠）。仮に初夏に発芽をしても、イネがすでに茂る水田で光の恩恵を受けるチャンスは、きわめて低い。秋まで待てば、イネは刈り取られる。稲刈りを終えた秋の田んぼは、太陽の光がいっぱいだ。種子は秋の低温で休眠を解き、光刺激で発芽する。

⑶短期間に開花し結実する

水田雑草のタガラシは、秋に発芽、春に開花・結実する。結実までに五～六カ月が必要だ。しかし、春になって遅れて発芽したタガラシは、二〇～三〇日で、植物体が小さいままに（栄養成長期を短縮）、開花し、種子をつける（生殖成長期）。

マルバツユクサも、同じようなことをやってのける。鳥取（中国地方）では、春の低温のため、マルバツユクサは八～九月に発芽する。高知（四国・太平洋側）では五月、沖縄（九州以南）では一年中だらだらと発芽を続ける。鳥取では秋が早い。畑のマルバツユクサは、本葉が三枚で花芽を開く（栄養成長期を短縮）（**図7**）。しかし沖縄では、草体が十分に大きくなってから花を開く（栄養成長期が長い）。花成ホルモンの産生を支配する（生殖成長期への転

図7　マルバツユクサ
葉数の少ないままでつぼみ（矢印）を形成している

換）遺伝子を活性化させることで開花への道筋（生理）は始動する。植物の開花のメカニズムは複雑だ。雑草の開花は、教科書にあるような短日や長日刺激のみでの単純な道筋では説明しきれない。

雑草は農作業によっていつ抜き去られるかわからない、という運命を必然的に背負って生きている。成熟した雑草が人的に除去されると、農地には太陽光が燦々《さんさん》と降り注ぐようになる。この光の刺激を受けて、土中で眠っていた種子の一部が緊急的に発芽する。遅れて発芽した個体は、十分な生育期間をもつことができない。ゆっくり成長していては、花を咲かせる前に冬が来てしまう。あるいは夏の乾燥期に入ってしまう。土中に予備の種子を残していなければ、除草によって全滅の憂き目にあうことも覚悟しなければならない。

全滅だけは、何としてでも回避したい。遅れて発芽したために、生育期間を十分にとれない緊急時には、マルバツユクサのように、正常個体の半分以下の葉数をつけた段階で、花芽を分化し、花を咲かせ、少量の種子を実らせる（**図7**）。雑草たちが子孫を絶やさないための、絶妙な適応である。野草たちに、このまねはできない。

(4)自家受粉で種子をつける

山野の野草のほとんどは、他家受粉で種子を実らせる。しかし、生育環境の不安定な田畑や人里では、種子の産生に二個体以上を必要とする他家受粉では、種子生産の効率が悪すぎる。風に乗ったタンポポの種子は、どこまで飛んで行くのだろうか？　風まかせ、運まかせである。落ちた場所が、土の上ばかりとはかぎらない。土の上へ落ちても、そこで発芽できる保証は何もない。運よく発芽できても他家受粉だと、一個体だけでは子孫を残せない。

パイオニア的に新しい土地へ侵入できても、他家受粉を堅持していたのでは子孫を残せるチャンスは低い。雑草にとって、自家受粉による繁殖法は、他家受粉よりもはるかに効率がよい。しかし、それは同時に、遺伝的変異を低下させるといった負の側面を抱えこむことになる。

自家受粉による生殖法がさらにすすむと、めしべの未受精卵が花粉の雄核と合体（受精）することなく発生（新個体の形成）を始める。つまり、無配生殖（アポミクシス）を行うものも現れる。例えば、ノビルの四倍体*は果樹園や林縁などの日陰の雑草である（**図8**左）。しかし、五倍体*は農道法面《のりめん》や水路堤防などのような向陽地に多く見られ、〝むかご〟による無配生殖（アポミクシス）を行う（**図8**右）。

ニガナは、花粉不要の世界を演出している。花粉なしで、

図8　ノビルの花茎《かけい》
左：多くの花を開く（果樹園）
右：花の位置に珠芽（むかご）をつける（路傍）

結実する（第4章参照）。

＊——ある生物種が染色体数を異にする個体群を内包するとき、最も染色体数の少ない個体群の半数染色体数（x）の何倍の染色体数を示すかで、三倍体（3x）とか四倍体（4x）などと呼ぶ。

⑸種子は、いっせいには発芽しない

農地では、前述したように、種子を結実させる直前に除草されることもある。こうした緊急時に対応するためにも、土中の種子のすべてをいっせいに発芽させることは、きわめて危険だ。

トウモロコシやエンドウなどの農作物、コスモスやヒマワリのような園芸植物の種子は、ほぼ一〇〇%がいっせいに発芽する。人に管理される植物（栽培植物）は、人にとっては一斉発芽が彼らを管理しやすい。こうしたことを日常的に経験していると「種子は播種すればいっせいに、かつ一〇〇%発芽する」と、誤認することもある。

キツネノボタンの種子（夏種子）は、三二一ページでふれたように、熟すと直ちに休眠する（灌水しても発芽しない）。休眠の解除には、光と低温が必要だ。

ツユクサの種子は、土中への埋蔵の深さにもよるが、五年以上も発芽能力を保持し、発芽のチャンスを待つことができる。

(6)不定芽を出し、すばやく結実

農作業によって地上部が刈り取られると、地下に残った地下茎や地上茎からすばやく不定芽（わき芽）を出し、栄養体が小さいままに開花・結実する。

例えば、水路の側壁に生える宿根性のキツネノボタンを鎌で刈り取り、除草する。結実期になって地上部が刈り取られても、残った下株から素早く不定芽を伸ばし、植物体は小さいままで種子をつける。野草たち、例えばササユリやイカリソウなどに、こんな芸当はできない。地上部を刈り取られた個体は、翌年以降にならないと開花・結実しない。

雑草は地球の救世主

雑草たちは、農地のように植生が破壊されつづける場所で生きるためのさまざまな工夫を身につけている。換言すれば、人的活動で破壊された地球環境を緊急的に治癒するための、いろいろな戦略（工夫）を身につけて生きている。彼らが芽生えてきてくれることで、地球環境は壊滅的破壊から救われている、といっても過言ではない。

これはちょうど、人がケガをしたときの人体が示す緊急的生命維持反応にもたとえられよう。人がケガをすると、傷口から出血をすることで、細菌などに汚染された傷口を自己浄化する。これと並行

的に、傷口から噴出する血液中の血小板が壊れて血漿《けっしょう》中のタンパクに働きかけ、フィブリンを合成。こうして応急的に血餅《けっぺい》をつくりあげて傷口をふさぎ、過剰な失血を阻止する。こうした緊急的な個体維持反応によって、われわれのからだは個体死を招くことを自己防衛している。

　人による森林伐採や開墾は、地球にとっては予期しない傷口、不自然きわまりない負荷である。この傷口からの出血（乾燥や土壌崩壊）を最小限に食い止め、緊急的に傷口をふさいで、地球への負荷をできるかぎり最小限におさえる役目を果たしているのが、ここでいう雑草（荒地植物）たちである。多種の雑草たちが

図 9　耕作放棄水田の植生
上：圃場整備田。セイタカアワダチソウ群落（放棄 6 年目）
下：圃場未整備田。ヨシ群落が再生維持されている（放棄 12 年目）

崩壊地に緊急的に育つことで、自然災害や人類による地球への負荷を最小限にとどめることができ、森林回復への道を開くことも可能になる。突発的に生じた裸地（傷口）を、緊急的にふさいでくれる植物（雑草）たちこそが、地球にとっては救世主である。崩壊地をふさぐ植物が在来種であろうが、外来種であろうが、地球にとってはいっこうにかまわない。

圃場《ほじょう》整備をしていない湿田が耕作放棄されると、最終的には耕作地はヨシ群落で覆われる（**図9下**）。ヨシ群落は、水田開発以前の低湿地域に見られた優占群落の一つだ。このヨシ群落をさらに放置しつづけると、タカヤナギやサワグルミなどのように、水辺を好む樹木が育ってくる。しかし、排水路が整備された圃場整備後の放棄水田では、その多くがセイタカアワダチソウ（外来種）優占の群落で覆われる（**図9上**）。この草本群落を放置すると、クサギ、アカメガシワ、ヤシャブシ、アキグミなどの荒地性樹木が侵入し、水田への復帰は不可能な状態が短期間で形成される。

雑草は、自然の中にあって野草たちとの激しい生存競争に敗北し、農地のような人的破壊を受けた環境へと生きる場を求めて適応進化した植物群だ。

人にとっては厄介者でも、地球にとっては救世主的だという二面性をもって生きる草本たち、それが雑草である。

第１章

日本の自然が育てた雑草ツユクサ

花の形から進化を読み解く

日本人が作出したオオボウシバナ

雑草は抜いて捨てるもの、というイメージが一般には深く浸透していて、研究者が行う雑草研究も、防除や除草の視点からのものが受け入れられやすい。除草も農業では必要な作業の一つであるが、雑草たちはいろいろな場でいつも〝いたずら〟ばかりをしているわけではない。ツユクサは夏の野外では最も目につきやすい身近な草本の一つだ。雑草の生活を理解するという視点で、まずツユクサたちを見てみよう。*

*——ツユクサの種分化については、染色体の形態を手がかりにしてすでに『雑草の自然史』（築地書館）で述べた。ここでは、前著との重複を避けて、ツユクサの外部形態を主に見ていくことにする。

ツユクサの花の形を見る

「雑草を見る」という作業は、形を見ることから始めるのが入りやすい。ツユクサは、道ばたや川の土手、農道、果樹園などで、ごくふつうに見る雑草だ。

三月、夜はまだ寒いが昼間は暖かくなった春を感じて（温度刺激）、ツユクサたちは土中から芽を出し、六月末頃からぽつぽつと開花を始める。盛花期は九月。一〇月末には種子を散らして枯れる。一年草である。夏の田畑にあって、農作物の害草として除草の対象になる。その一方では、「地域の自然を守って一生懸命に生きている」という面ももっている。

ツユクサとはどんな雑草？

学校で勉強をしなければならないことが、いつの頃からか多くなり、一つのことに時間をかけてゆっくり学ぶ（観察する）、ということがやりづらくなった。そんな時代にたまたま遭遇し、ツユクサを知らない人が増えているかもしれない。

まず、**図1**をご覧いただきたい。こんな形の花をもった草は、農道の端や果樹園でたくさん目にすることができる。花の形が特徴的だ。

次に、めしべとおしべを確認しよう。

彼らの花の構造は簡単なように見えて、じつはそうではなさそうだ。めしべとおしべをともにもっている花（両性花）と、めしべが見当たらない花（雄花）の二種類が一つの個体に同居していることもある（**図5**右の上の花）。

「めしべがない？　じゃあ、種子ができない！」

種子を実らせることなく、花粉だけをつくっている花（雄花）が、ツユクサの花序（花の集合体）の中に同居している。

ところが、この雄花をつける花軸（第1花軸）に、時には両性花をつけ、またある枝ではまったく花をつ

図1　路傍に生えるツユクサ

けない花軸も見つかる。この〝めんどうなこと〟を、ツユクサは日常茶飯事的にやっている。

話を簡潔にするために、まずは、花の各部の名称を、少しだけおぼえてほしい。

花の各部の名称

図2左は、花を後方から見た写真である。
まず、花弁1は三個、うち一つは細くて白色。がく片2は三個。花（花序）の全体を包む葉を苞《ほう》（苞葉）4といい、この苞葉から上へのびた花軸3の先に花が開く。
図2右は、花を斜め前方から見たものだ。めしべ5と、おしべ6、7、8が確認できる。6、7のおしべは花粉をつくるが、8のおしべは花粉をつくらない。おしべの機能を放棄した〝おしべ〟（仮雄蕊《かゆうずい》）である。

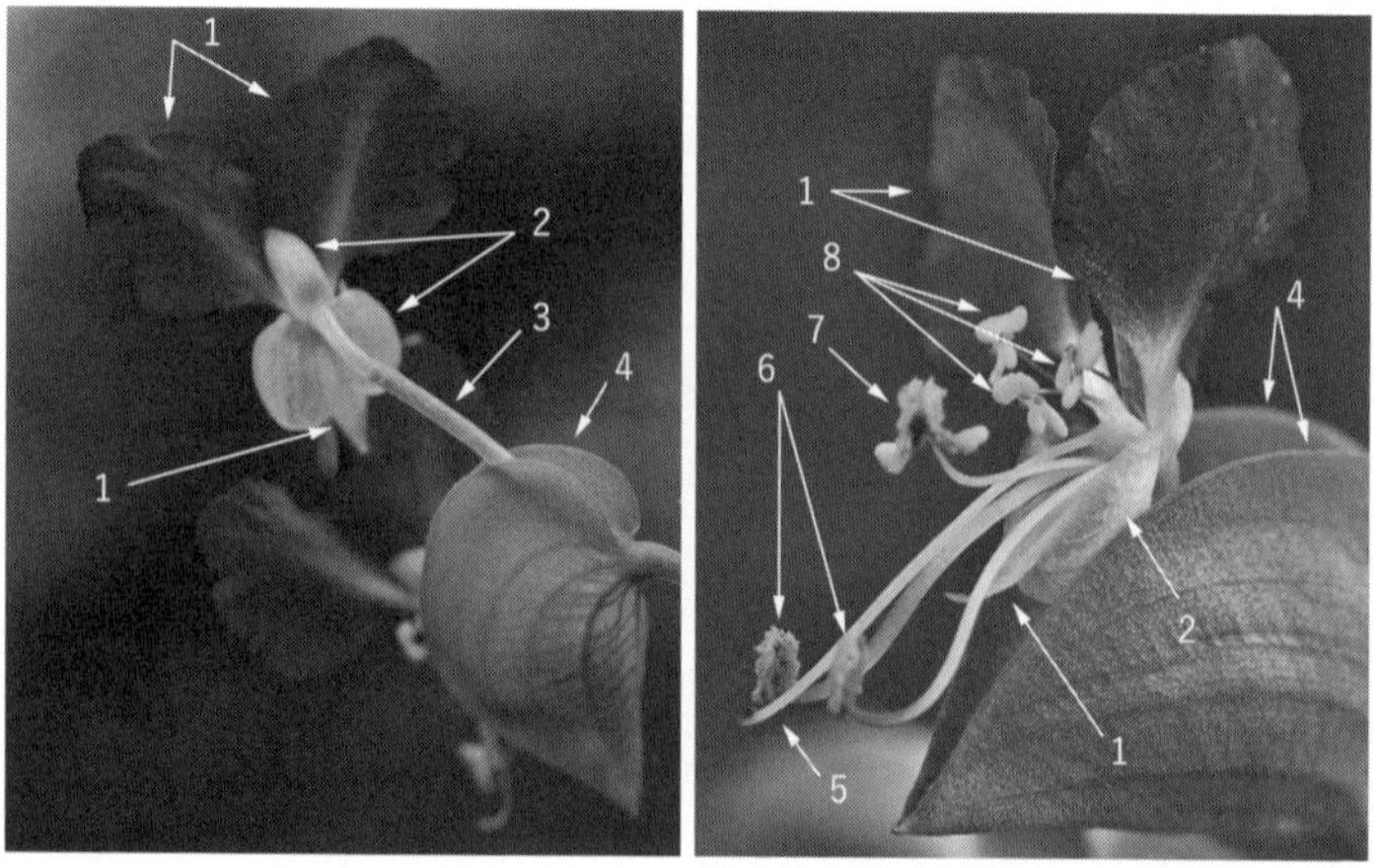

図2　ツユクサの花の各部の名称1
1：花弁、2：がく片、3：花軸、4：苞（苞葉）、5：めしべ、6：おしべ（雄性）、7：おしべ（雄性）、8：おしべ（無性）

ツユクサの花の変異

図3は、初秋のある日、農道に咲いたツユクサの花（花序）を三個選んだものだ。**図3**の三個の花序（A～C）はどれも、苞葉の中から一個の花が顔を出している。野外で最もふつうに見られる花の開き方である。まず、この三個の花序を見くらべてみる。BとCでは、花の後方（基部）に棒状のもの（矢印）が突出している。ところが、Aでは棒状突起が見当たらない。ツユクサの開花している花をたくさん見ると、Aの形の花が最も多い。さらに、Bは棒状突起のみだが、Cは棒状の先端につぼみ（蕾）状のもの（矢印）がついている。

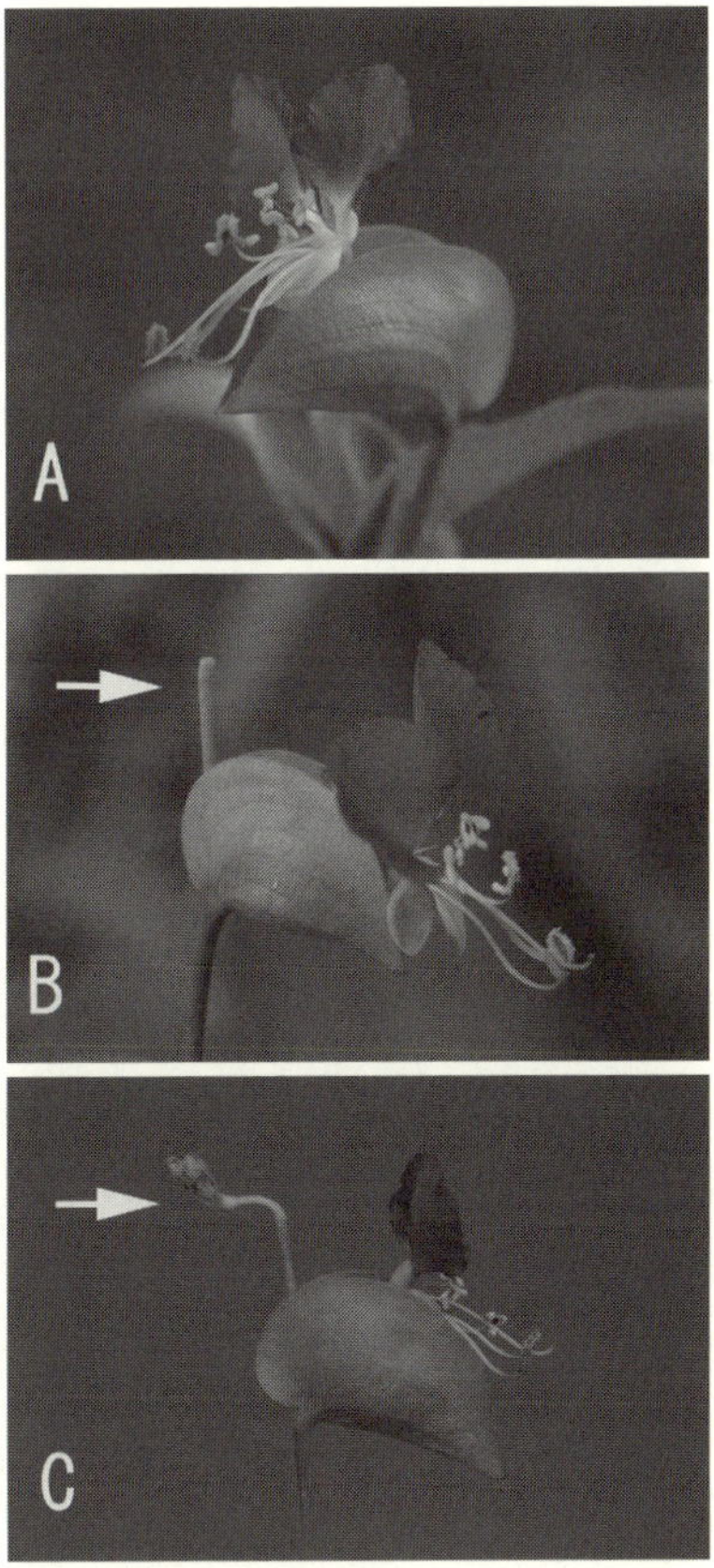

図3　ツユクサの花3型
A：完全花が1個のみ
B：花の後方に棒状突起（矢印）
C：花の後方にアイアン状突起（矢印）

では、BやCに見られる、この棒状の正体は何なのか？

Bの苞葉を開いてみよう。開いた結果が、**図4**である。棒状の正体は花をつけていない花軸（第1花軸）であった。花軸には花がついているのがふつうだが、**図4**の第1花軸には花がない。どうしてなのだろうか？

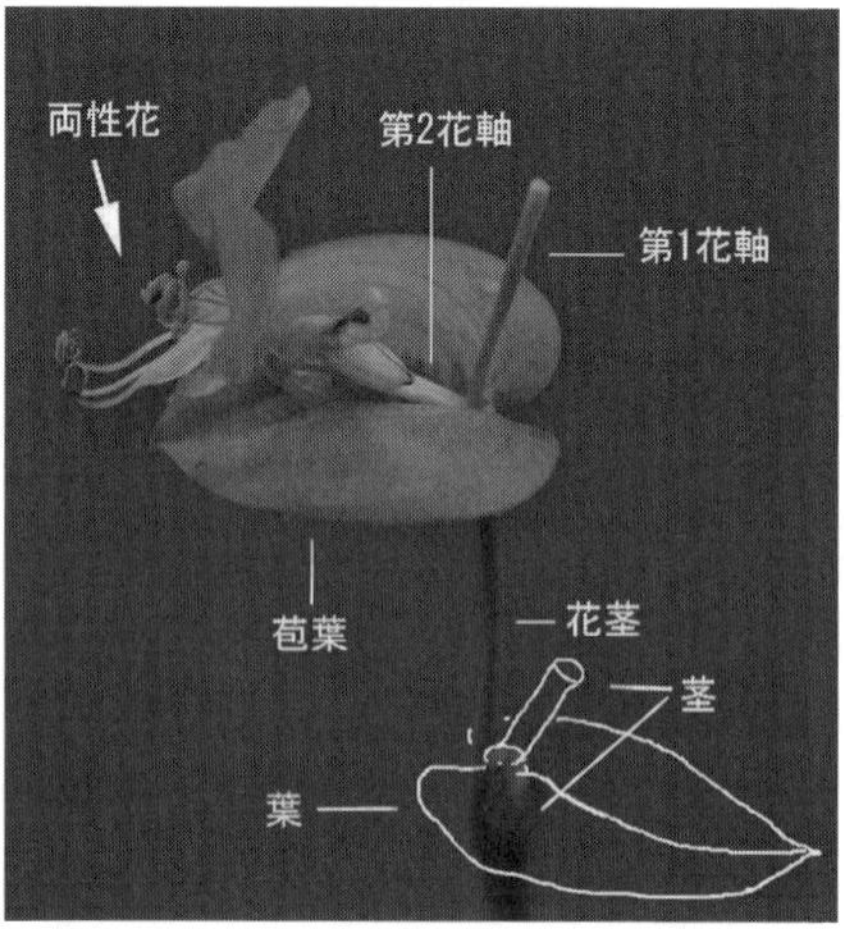

図4　ツユクサの花の各部の名称2

花序の観察

ツユクサの花の各部の名称は、学問的には統一されていない。呼び名は統一されているのが望ましいのだが、形態学上の異論があってというわけではない。研究者によって異なる言い方をする形態的部分も時にあるが、本書では**図2**、**図4**に示した名称を使用していく。

花軸の分化

苞葉の中（内側）で、花軸は二叉（第1花軸と第2花軸）し（**図4**）、第2花軸の頂端には必ず花序が形成され、花を開く。

花序とは、花軸への花のつき方のことで、花軸の先端から下へと花が順次に咲きすすむものを有限花序、下から上へを無限花序という。

図4のツユクサの花（両性花）では、花の下側に小さいつぼみが見える。花は花軸の上から下へと咲きすすんでいる（有限花序）。

第1花軸はほんとうに花軸なのか

棒状の第1花軸（**図3**B）を見ていこう。この棒状突起には花が咲いていない。それでも、花軸と呼んでもよいのだろうか。棒状突起の下方を見ると、この突起物は花茎《かけい》から苞葉を貫いて直上し、上方へとのびている。形態学的には、この棒状のものを花軸（第1）と呼んでよい。しかし、この第1花軸には花序（花）が見られない。

「なぜだろう?」

疑問が出たときは、野外の現場を見るに限る。

野外へ出てみよう。探せば、この棒状の先端に、〝つぼみ〟らしいものをつけた花軸を見つけることができる（**図3**C、矢印）。

第1花軸に花を見た

ツユクサの花を探して七五二個目の花（花序）に、予見した通りに、一つの苞葉の中に二つの花をつけているツユクサを見つけることができた（**図5**）。第1花軸と第2花軸の両方に、花が開いている。この事実によって、第1花軸はまちがいなく〝花軸である〟と証明できた。

この発見の事実は重い。花を写真に記録しておこう。撮影日時、場所、撮影者氏名、カメラの機種などをメモしておくことを忘れずに。

記録写真は**図1**のような撮り方ではなく、**図5**のようにレンズの焦点深度を深く（カメラの絞り数を大きく）して撮影しよう。スケッチをしたような写真ができあがる。

図5の左と右に、第1花軸と第2花軸の両方に花を開いた写真を並べた。それぞれの花のめしべとおしべを確認しよう。めしべは図中に矢印で示した。めしべが確認できれば次は〝おしべ〟を見たい。

しかし、その前に一つ。**図5**右の花には矢印が一個のみだ。ミスではない。**図5**右の上（第1花軸）の花をよく見ると、めしべが見当たらない。この花は雄花だ。このこと（雄花をつける花軸と両性花をつける花軸の二通りがあること）は、ツユクサの花の進化を考えるうえで、大変重要になる。観察し、記録しておく。

なぜ、大切だと考えるのか

植物も動物も、生殖器官は種《しゅ》の存亡を左右する大切な器官だ。この生殖器官の形態に変化が起これば、そうした変化（変異）を起こした個体群は、変化を起こしていない個体群との交配ができなくなる。換言すれば、新と旧の集団間で遺伝子の交流（遺伝的浮動）ができなくなる。そんな大切な器官に変化が起きている、また起きようとしている事実を示す写真が**図5**右である。左の写真と対比することで、右の写真の重要性が一層鮮明になる。

こんな重大事を、ツユクサの野外観察で確認できた。地味なことではあるが、〝形態（かたち）〟を詳しく見る〟という作業をすることで、植物からのこうしたメッセージを見落とすことなく、拾いあげることができる。研究者間でいわれる〝現場主義〟とは、植物からのこうした無言のメッセージを、野外の〝現場〟から的確に拾いあげ、研究室（大学の研究室だけが研究室ではない。家庭の台所だってりっぱな研究室）のまな板にのせる作業をいとわない心のことを指す。

図5　第1および第2花軸ともに花がついている。矢印はめしべ。右の上の花にはめしべがない。左は両方とも両性花

第1花軸に苞葉をもった花序を発見

野外で改めて、八〇〇ばかりのツユクサの花序を調査した。すると、第1花軸に苞葉をつけた花序を一例のみではあるが、見つけることができた（**図6**、第1花序）。

こうした花序の変異を見つけ出す作業は、私のオリジナルではない。すでに、小野勇や津山尚が、私がツユクサの花序で見た変異と同じ変異を、科学雑誌「採集と飼育　八巻」と学会誌「植物学雑誌　六一巻」で報告している。しかし、私たちはもう少し先まで調査をすすめてみよう。

図3や**図4**、そして**図5**に示したツユクサの花形の調査から、ツユクサの花形の変異は次のように考察できる（進化学的考察）。

〝日本のツユクサは第1花序を退化させ（花をめったに咲かせない）、そこで節約できたエネルギーを第2花序へと投入することで、第2花序の種子形成能力を向上させる方向へと進化の最中〟と、解釈（仮説）できる。

発芽可能な種子を確実に実らせるために、小野や津山が指摘したような形態学的、また生理学的変

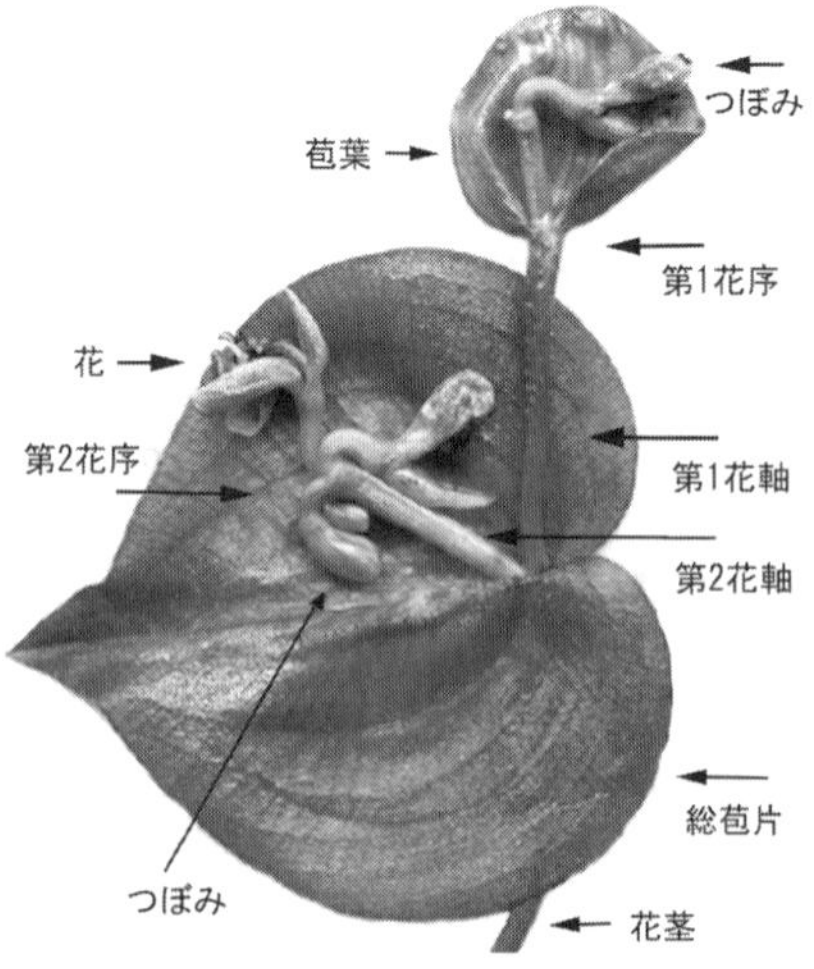

図6　第1花軸に苞葉と花序をつける

化を、日本のツユクサたちは日本列島において、もっか展開中（この背景には、すでに見た多数のツユクサの花の観察事例の集積が、証拠として必要）、と解釈する（仮説を立てる）ことが可能だ。この解釈（仮説）の妥当性は、次に見るツユクサの種子の大きさで、追試的に立証される。

雑草になるための変化を種子に見る

雑草として生きるメリットとデメリット

雑草とは、人類が原野や森林を切り開いて農業という営みを始めた、この新しくつくり出された空き地（農地）で生きることを選択した草本（雑草）たちだ。換言すれば、野草との生存競争を避け、人類が新たにつくり出した農地（牧草地も含む。地球の視点で農地を見れば、そこは裸地同然の荒れ地）という人為の環境で生きることを選択した草本たちである。

日本の雑草ツユクサも、この人為の環境で生きる道を選んだ草本たちの一つである。こうした人為の環境で生きるかぎり、野草たちとの生存競争からは解放される。

しかし、今度は農作物の作付や収穫といった農作業によって、人に〝抜き捨てられる〟というデメリットを背負って生きねばならない。人の生活圧（過剰ともいえる選択圧）を強く受けることもある。

また、家畜にいつ食べられるかもわからない、こうしたデメリットも背負いこむ。

つまり、雑草たちは田畑で受ける人的圧（選択圧）・家畜圧に対抗して生きなくてはならない。そのためには、野草時代のように生育（種子形成）にゆっくりと時間をかける、ということはできない。いつ人間たちに抜き捨てられるかわからない。刈り取られるかわからない。子孫をつなぐためには、とにかく、種子をできるだけ手早く実らせることだ。このため、多くの雑草たちは〝小さい種子を、無数に、すばやく（短期間に）実らせる〟、という道を選んで生きている。オオバコとナズナの種子を**図7**ＤＥに示した。雑草たちの多くは、こんな小さい種子を無数につける。世界を渡り歩く外来植物（例：ナガミヒナゲシ）の多くは、さらに小さい種子を、さらに多く（無数に）つけることに長《た》けている。

しかし、日本のツユクサは、多くの雑草たちとは異なった道を選んだようだ（**図7**ＢＣ）。ツユクサたちは大きい種子を少数つける。しかし、「種子は土中（一〇センチメートル深）に埋もれて、数年にわたって発芽能力を保持できる」という特性を獲得した。種子を長寿命化することで、人間の生活圧に耐えようとしている例が、ここで見るツユクサたち

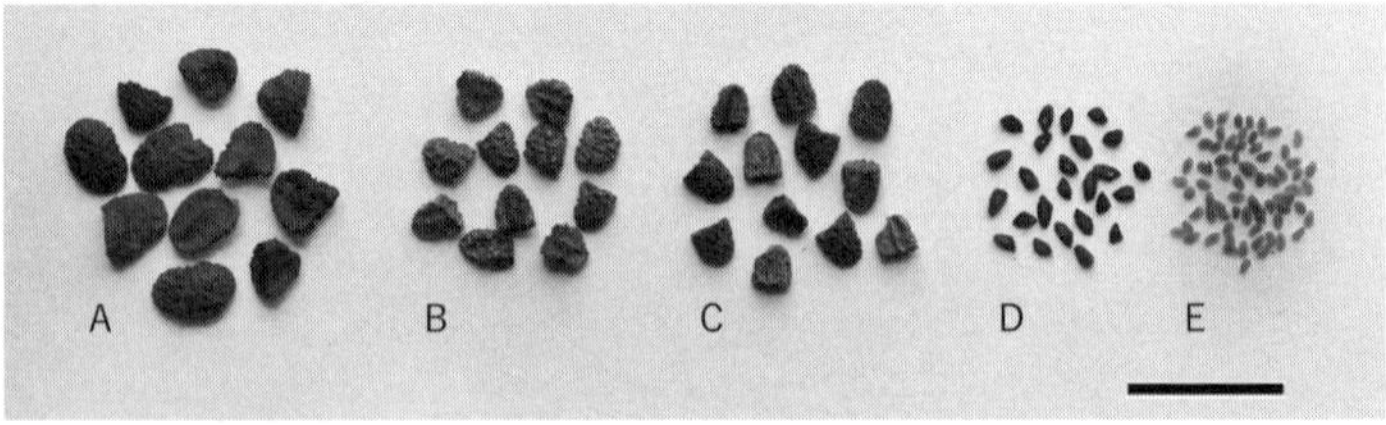

図7　種子の大きさ
A：オオボウシバナ（$2n=46$）、B：ツユクサ（$2n=88$）、C：ツユクサ（$2n=46$）、D：オオバコ、E：ナズナ。スケール＝1cm

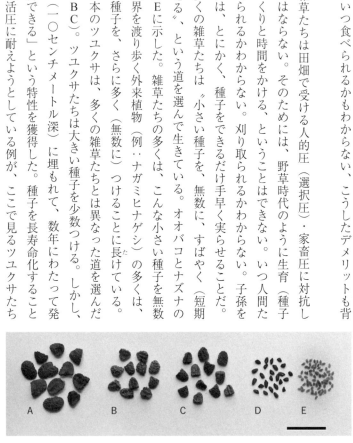

だ。この強《したた》かさを、次に見てみよう。

ツユクサが選択した道

ツユクサは野生を離れて農地を生きる場所に選び、前述したような形質をいっそう充実させようと、目下のところ全力投球中である。

すでに見た花器の形態的変化（第1花軸の退化・消失）も、雑草になるための変化の一環だと解釈すれば、納得ができる。第1花軸に種子を実らせることに要するエネルギーを節約し、第2花軸の種子形成へと全エネルギーを振り向ける。このエネルギーの付加によって、雑草には不似合いの大型の種子をすばやく生産することにツユクサたちは成功した（**図7**BC）。さらに、人の選択圧を借りて種子を大型化したのが、オオボウシバナである*（**図7**A）。

雑草たちの中には埋土種子の発芽能力を長期にわたって保持しているものがある。このことは、畑を耕すと「待ってました」とばかりに雑草たちが芽生えてくることからも、理解できる。ツユクサも、この例外ではない。土の中でじっと、発芽のチャンスを待つ。これもツユクサの特徴の一つだ。トウモロコシやイネ（栽培種）のように一斉発芽をしたのでは、雑草としては生き残れない。

*――オオボウシバナはツユクサの園芸品種の一つである。日本の滋賀県草津地方では、現在も地場産業の一つとして栽培しつづけている。オオボウシバナの染色体数は$2n=46$。**図7**BCは雑草ツユクサ$2n=46$と88の種子である。オオボウシバナでは種子の大型化が顕著（農園芸品種化）であることがわかる。

ツユクサたちの生態学――ツユクサたちの種の分化を見る

苞葉に毛をもつツユクサともたないツユクサ

ツユクサの外部形態を多数のツユクサについて調べていると、気になることに出会った。花序を包んでいる苞葉の外面に、白軟毛《はくなんもう》（以後は「毛」と表記）をたくさんもっている個体（図8下、矢印）

コラム

種子を実らせたい

ツユクサの花を見ると、〝何としてでも種子を実らせたい〟というツユクサたちの執念が伝わってくる。

雑草たちはいつ抜き去られるかわからない。雑草として畑や路傍で生きぬくためには、草体に何が起ころうとも、種子は必ず実らさねばならない、という宿命を背負う。

ツユクサの花は虫媒花で、訪花昆虫によって花粉を運んでもらい、花は受粉を完了する。

ツユクサの花は他家受粉が原則である。他家受粉を成功させるために、めしべの先端はどのおしべの花粉袋の位置よりも長く花の外へ突き出ている（本文図5）。

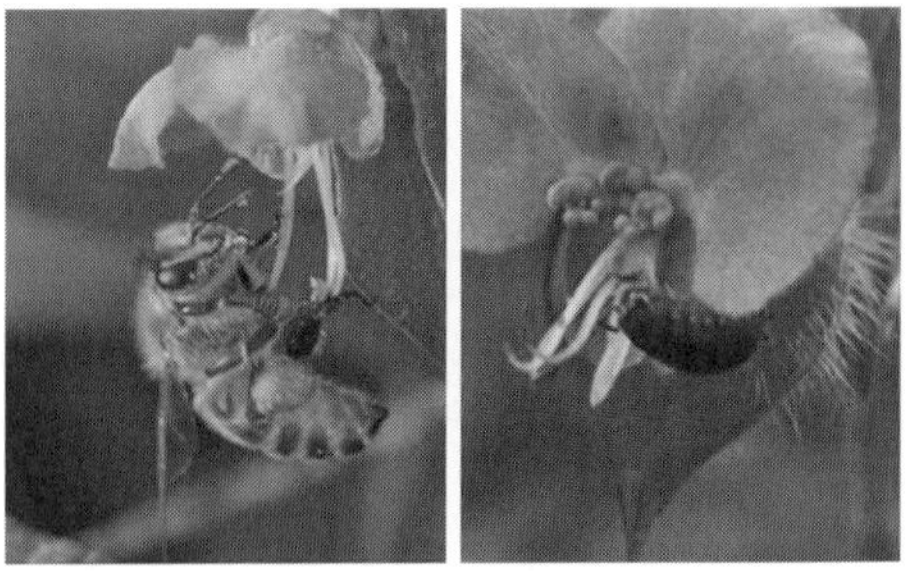

花粉を求めてやって来たミツバチ（左）とワラジムシ（右）

このため、飛来した訪花昆虫は突き出したためしべの先端にふれてから（このとき、他家受粉が成立）でないと、花のおしべや蜜腺へたどりつけない。

ミツバチやワラジムシたちが、花粉を求めてやって来る（**右図**）。

ところが、ツユクサの花は一日花だ。朝咲いて、正午前後には花を閉じる。

この短い時間の間に、運悪く昆虫たちの訪花がなかったときは、どうなるのだろうか。受粉をあきらめるのだろうか。

ツユクサたちは、あきらめたりはしない。

なんと、めしべの先端（柱頭）がゆっくりと巻きあがり、おしべの花粉袋の位置までやって来て、自らの力で自家受粉をやってのける（**左図**、矢印）。

自家受粉は他家受粉にくらべて、種子がもつ遺伝的多様性が少ないというデメリットがある。しかし、種子ができないよりはよい。

なんとしてでも、種子を実らせたい！　ツユクサたちの「子孫を残そう」とする執念を、彼らの種子づくりに見ることができる。

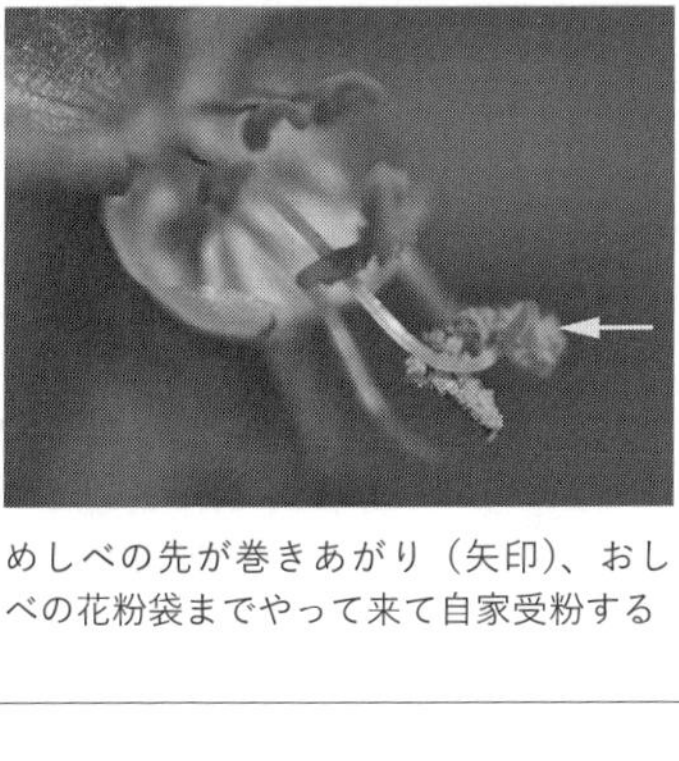

めしべの先が巻きあがり（矢印）、おしべの花粉袋までやって来て自家受粉する

と、ほとんどもたない個体（**図8**上、矢印）とが見られることだ。

平地の水田地帯では、有毛型と無毛型ツユクサが混生していることはほとんどなく、ツユクサの多くは無毛型である。ところが、山間部の棚田やその農道、山地の果樹園などでは有毛型ツユクサがほとんどだ。単に苞葉に毛があるとか、ないとかの形態的な問題だけではなさそうである。

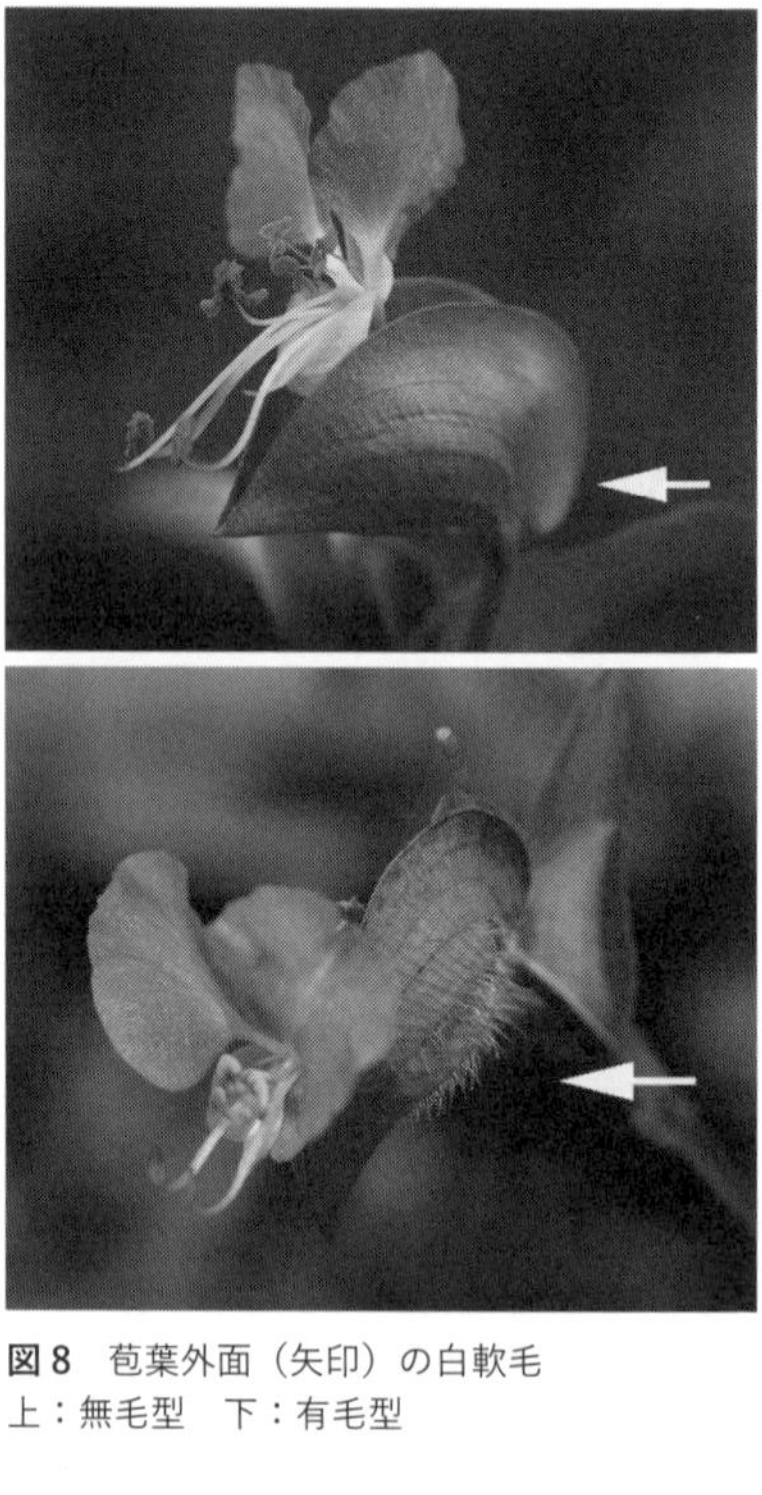

図8　苞葉外面（矢印）の白軟毛
上：無毛型　下：有毛型

愛媛県の松山平野でツユクサ一〇〇個体ばかりの染色体数を調べてみた。有毛タイプの染色体数は四六個（$2n=46$と表記）、無毛タイプは$2n=88$であることがわかった。両者は、たがいに染色体数を異にしている。中間の$2n=67$の染色体数をもったツユクサが見つからない。有毛タイプと無毛タイプの間に、自然雑種ができていない証拠だ。

次に、両者の人工交配を試みた。しかし、人工交配も成功しない。つまり、人工雑種（雑種$2n=67$）ができない。このことは、両者が系統分類学的にも〝別種〟であることの有力な証拠の一つになる。

愛媛県産ツユクサの染色体数はプロの研究者の研究結果と一致しない

研究報告の中に、ツユクサの染色体数に$2n=46$、48と88を見た、というのがある。そして、$2n=46$と48は苞葉が有毛、$2n=88$は無毛タイプだと報告されていた。$2n=88$ツユクサの苞葉が無毛タイプというのは、愛媛県での観察結果に一致した。しかし、有毛タイプのツユクサは$2n=46$と48だという。ところが、愛媛県で$2n=48$ツユクサを探したが、どうしても見つからない。愛媛県での有毛ツユクサの染色体数は、$2n=44$の例外的なものを除外すれば、すべて$2n=46$のみだ。

さらに、ウスイロツユクサ（ツユクサの一品種）$2n=90$、シロバナツユクサ$2n=48$がある。ところが、私が調べた愛媛県産ウスイロツユクサは$2n=88$、シロバナツユクサは$2n=86$である。これもこれまでの論文や学会報告とは一致しない。愛媛県産のツユクサたちはへそ曲がりなものばかりだ。

なぜ、愛媛県産ツユクサの染色体数は、プロの研究者たちの結果と一致しないのだろうか。

理由1　使った材料が違う。[*1*2] これが原因だとすると、これまでのツユクサの形態分類を否定しなければならないことも起こる。

理由2　染色体数の数えまちがい。しかし、これはプロの研究者にはあり得ないことだ。

＊1――ツユクサの染色体について全国的調査をしてみると、$2n=48$ツユクサのみに限れば、このツユクサの日本列島での地理的分布は関東地方から北海道中部までであることがわかってきた。

＊2――ウスイロツユクサは愛媛県産では$2n=88$、韓国の大田《テジョン》市産では$2n=48$が見つかり、ウスイロツユクサという分類自体が系統分類学的には無意味なカテゴリーであることもわかってきた。

松山平野のツユクサたち

松山平野（瀬戸内海側）での調査結果を**図9**に示した。有毛型ツユクサ（$2n=46$）は標高の高い地域に偏在的、無毛型ツユクサ（$2n=88$）は平地から高地にいたるまでの広い範囲に分布することが明らかになってきた。

鳥取平野（日本海側）でも追試（未発表）をした。松山平野の調査結果に類似の結果が得られた。鳥取平野でも、有毛型ツユクサは$2n=46$、無毛型は$2n=88$であった。

関西や九州地方での結果は、松山や鳥取での調査結果を否定するものではなかった。ところが関東地方以北になると、有毛型ツユクサは$2n=48$、50、52、54となり、$2n=46$はあまり見つか

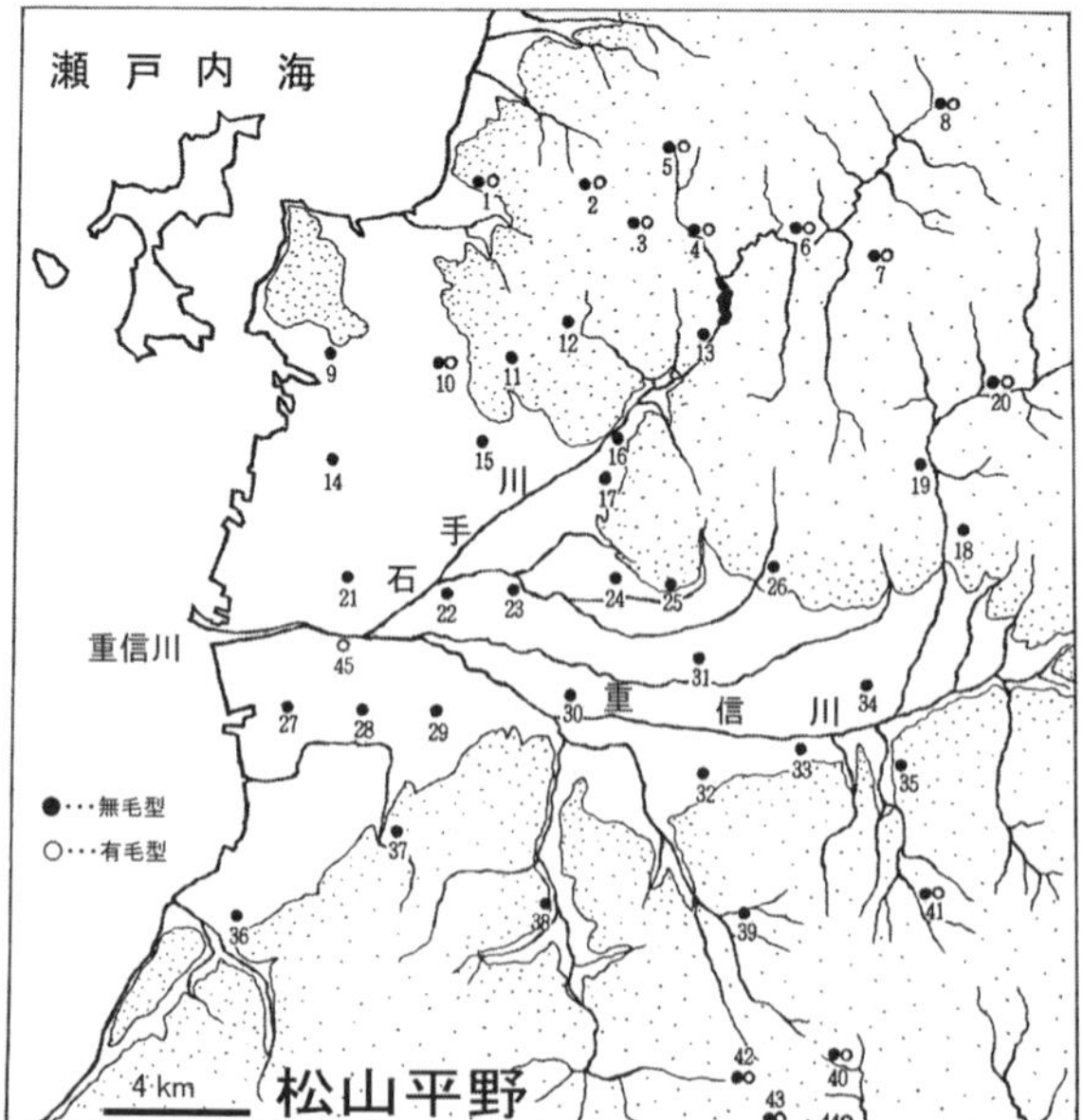

図9　ツユクサ有毛型と無毛型の地理的分布
調査地：松山平野　1～44：調査地点番号

らない。北海道では皆無だった。

このようにいろいろな地域での調査が累積してくると、〝有毛型ツユクサと無毛型ツユクサとは生態学的な地理的分布が異なる〟と一般化してもよいだろう、という見通しが立ってきた。

ヒメオニツユクサという原始的なツユクサ

ほかと異なる2n＝44ツユクサを発見

松山平野や鳥取平野での有毛型と無毛型との生態学的な地理的分布調査の結果を一つの足がかりにして、ツユクサの外部形態を核型との関係から、全国レベルで調査し、さらに中国大陸や朝鮮半島へと調査域を広げていった。こうした作業の過程で、外部形態が気になるツユクサ（ヒメオニツユクサ）（**図10**）が岩屋寺《いわやじ》（愛媛県久万高原町《くまこうげんちょう》）近くの棚田で見つかった。岩屋寺は四国霊場八十八ヶ寺の一つ、四五番札所。四国山脈中部のやや西よりの山中にある。

核型とは、一つの細胞の中に見られる染色体の数や形の総体を指す専門用語である。核型の基本型は種ごとに一定しているのがふつうだ。この事実を前提にして、形態分類学的に同種だと判断された個体や異種だとされた個体の核型をたがいに比較検討することで、さらに新しい科学的情報を得ようとする作業を「核型分析」と呼んでいる。

ヒメオニツユクサは、草体全体がほっそりとやせ形である。苞葉は細長（長卵形）で、その葉脈上にそって白軟毛を多生する個体もある。ヒメオニツユクサはカラムシやコアカソなどの雑草とともに、棚田の石垣壁面や登坂道の法面《のりめん》にからみつくように生えていた。

二次林の林縁を主な生育地にしており、生え方が野草的だ。付近の農道や耕作地への侵入は、ほとんど見られない。生える場所が、これまでに見てきたツユクサたち（$2n=46$や$2n=88$）とは明らかに異なる。染色体数は$2n=44$（**図11**）であった。

このようなヒメオニツユクサの外部形態を手がかりにして、$2n=44$ツユクサの日本列島での地理的分布を全国調査した。予見した通り、このツユクサの地理的分布は不連続だ。北海道を除き、日本列島にかなり広く分布しているのであるが、各地の里山林縁に散発的に見つかる。この$2n=44$ツユクサの野外での生え方を

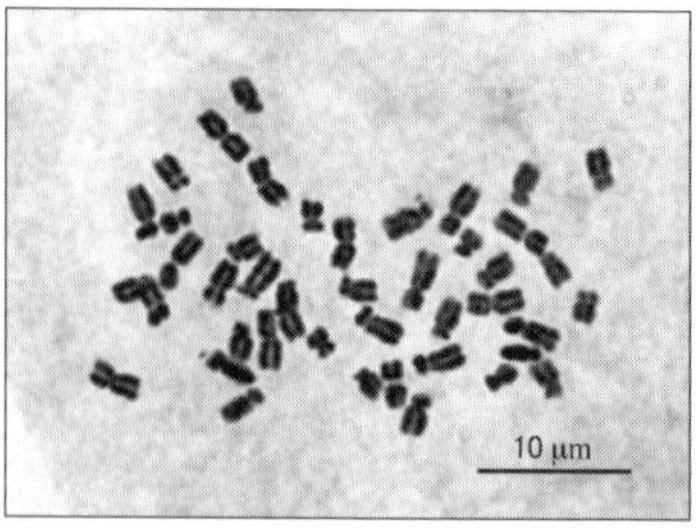

図11（上）
ヒメオニツユクサの根端細胞染色体、44個（$2n=44$）

図10（右）
ヒメオニツユクサ。スケール＝2cm

見ると、$2n=46$や$2n=88$ツユクサのように雑草と表現するには少々抵抗がある。半野草的なのである。

染色体数や外部形態、さらには野外での生育場所などを加味して総合的に考察すれば、ヒメオニツユクサは、ツユクサ複合種の中で最も原始的な種の一つであると思われた。

$2n=44$ツユクサには野草型と雑草型がある

$2n=44$ツユクサの地理的分布を日本列島で調査していると、少々不可解な形態の$2n=44$ツユクサに出会った。鹿児島県出水《いずみ》市郊外の水田農道で採集した有毛型ツユクサが、最初の出会いだ。外部形態、とくに苞葉の形態は$2n=46$ツユクサ（雑草型）に酷似している。ところが、サンプル個体を持ち帰って染色体を調べてみると、$2n=44$だった。野草的な個体群からさらに一歩踏み出して、雑草としての形質を多く備えた個体群と考えられる。

朝鮮半島（韓国）のツユクサ

日本列島のツユクサを調べていると、どうしても朝鮮半島のツユクサが気になってくる。韓国での現地調査をしてみると、韓国産ツユクサは外部形態から、ヒメオニツユクサ型（**図12**左）、有毛ツユクサ型（**図12**中）、無毛ツユクサ型（**図12**右）の三型に大別できた。韓国産ツユクサ個体群の中にも、野草的なヒメオニツユクサ（$2n=44$）を見ることができた（**図12**左）。基本的には、日本列島産ツユクサの外部形態（とくに苞葉の形態）に類似していた。

韓国産ツユクサは、$2n=44$（ヒメオニツユクサ型）、$2n=48$（有毛型）、$2n=88$（無毛型）。韓国の研究者たちの助力も得て、かなりていねいに探査をしたつもりなのだが、$2n=46$は見つからない。$2n=46$ツユクサは日本列島で種分化をした日本固有のツユクサではないかと思われる。もう一つ、朝鮮半島の研究者たちと交わした雑談の内容に、気になることがあった。

「染色体数が$2n=50$のツユクサを見たことがある。仁川《ニンチョン》あたりで採集したツユクサではなかったかと思うのだが……」と、韓南《ハンナン》大学教授の高聖哲《スンチョル》博士は話した。余技で行った調査なので論文にはしていない、というのだ。このことについては後述する。

$2n=44$ツユクサは、王らによって中国大陸（浙江《チェジャン》地方）からも報告されている。韓国産ツユクサでも、$2n=44$は見つかった。ヒメオニツユクサの故郷《ふるさと》は、中国大陸にあると、強く思う。しかし、このツユクサの外部形態の記載が論文にないので、日本産や韓国産$2n=44$ツユクサと直接的な比較をしてよいものかどうかがよくわからない。だが、染色体数に限れば、$2n=44$ツユクサは、中国大陸にも生えていることがわかった。

図12 韓国産ツユクサ３型
左：ヒメオニツユクサ型　中：有毛型　右：無毛型（ソウル市郊外で撮影）

日本列島で放散的種分化をしたツユクサたち

ツユクサたちの世界的な地理的分布から判断して、ツユクサ（ツユクサ属）の故郷は東南アジア地方だろう。このことを前提にすれば、$2n=44$ツユクサが東南アジアから中国大陸、朝鮮半島、そして日本列島へと分布圏を広げる過程で、彼らは染色体数を増やしたり（異数化と倍数化）、染色体の形態を変化させたり（核型分化）したのであろう。

核型分化の研究結果も参考にすると、ツユクサの種分化について一つの方向性が見つかった。ツユクサたちは、染色体の数や形を分化させながら、中国大陸から朝鮮半島、そして日本列島へと分布圏を広げていった。そして、日本列島においては、大陸由来のツユクサが南から北へと分布を広げながら、日本独自のツユクサを分化させた、と総括できる。*

*――核型分化の詳細は、藤島（二〇一〇）に詳しい。

日本列島での$2n=50$ツユクサの履歴書

なぜ、朝鮮半島産ツユクサで$2n=50$の確認が大切なのか。

日本全国のいろいろな地方から採取したツユクサたちの一つ一つについて、染色体の数や形を精査し、その結果を日本の地形図上にスポットしていく。すると、おもしろい事実が見つかった。

例えば、染色体数が$2n=50$、52、54のツユクサは北海道でしか採取できていない。というよりも、これらの染色体数をもったツユクサは、$2n=48$や90ツユクサなどとともに、北海道ではふつうに雑草として見つかる。ところが、愛媛県地方でごくふつうな$2n=46$は北海道では皆無、$2n=88$も道南地方で少数個体が見られるのみだ。道南の$2n=88$ツユクサは、近年になって人や荷物の移動で本土から北海道へ持ちこまれたものであろう。福本日陽の論文に書かれている$2n=48$有毛型ツユクサは、関東地方あたりから北に分布していた。

有毛型ツユクサの染色体数は、46と48の二つだけではない。$2n=44$、46、48、50、52、54といった多様な個体が日本列島に分布していることもわかった。二〇一四年までの調査で、雑草として$2n=50$、52、54ツユクサが見られるのは、北海道のみだ。稚内《わっかない》の耕作地での調査では、$2n=50$、52、54の三タイプでツユクサ群落が構成されていた。

このような、北海道でのツユクサの地理的分布から考えると、$2n=50$、52、54ツユクサたちは、シベリアから北海道へと人の移動とともに南下・渡来し、北海道で根づいたグループではないのか？ そんな空想も浮かんでくる。このことを検証する手がかりの一つとして、すでに述べた高博士との雑談での、「$2n=50$ツユクサを見た」の発言の重要性が浮上してくる。

朝鮮半島やシベリアに分布するツユクサの中に、$2n=50$、52、54などの染色体数をもった系統のツユクサ集団が存在することを暗示するからである。

日本のツユクサは、畑作技術をもった古代の人たちが日本列島への渡来時に、農作物の種子とともに日本列島へ持ちこんだもの（畑作随伴雑草）、という仮説が笠原安夫によって提案されてから、すでに久しい。この提案は若干の修正をともないながらも、現在でも仮説としての価値が認められている。2n＝50シリーズのツユクサを随伴した農耕文化をもつ人たちが日本列島を北上したとすれば、2n＝50、52、54ツユクサが九州や四国、あるいは本州でも高頻度に見つかってもよい。しかし、こうした地方の雑草ツユクサには2n＝50シリーズ染色体のツユクサが見つからない。

北海道のツユクサの起源

ところが、北海道では2n＝50シリーズのツユクサが、雑草としてふつうに見つかる。2n＝50シリーズのツユクサを随伴した人類は、中国北部から朝鮮半島北部をさらに東進、シベリア大陸を経て、その一部の人たちは流氷とともに北海道へと渡航・南下したのだろうか。そんな空想的ロマンがツユクサ研究から想像される。

ツユクサの種子は、人間や哺乳動物のみによって運ばれるとは限らない。とくに、渡り鳥による運搬の可能性は無視できないかもしれない。シベリアからの渡り鳥によって、2n＝50シリーズの種子が北海道へと運ばれた。こんなシナリオがあってもいいなと考えていたときのこと、あるツユクサ好きの人物から、玄界灘に面した国東《くにさき》半島の海崖《かいがい》に生える2n＝50（有毛型）ツユクサを見た、というご教示をいただいた。朝鮮半島での高博士との雑談とあわせ考えて、「おもしろい事実が見つかったな」と、思っている。

第２章

オオバコは踏まれて生きる

農道に並んで生える

在来種オオバコ２型
左：六倍体（$2n=36$）　右：四倍体（$2n=24$）

私たちの身の回りで、いろいろな種類のオオバコを見ることができる。登山道や農道のへりで日常的に目にするのはオオバコ（在来種）であるが、トウオオバコ（海岸近く、在来種）、セイヨウオオバコ（オオバコと混生、外来種）、ヘラオオバコ、ツボミオオバコ、ムジナオオバコ（以上三種は人里の荒地、外来種）なども、地域によってはかなりふつうに見ることができる。ここでは、日本に古くから生えているオオバコ（在来種）を話題の中心において、人里の自然に生きるオオバコたちを見てみよう。

オオバコは道路わきに並んで生える？

踏みあと群落の構成員

運動場や公園の周辺部には、オオバコやスズメノカタビラ、カゼクサ、チカラシバ、ネズミノオ、ノシバ、シロツメクサ、ウマゴヤシなどの植物（**図1**）が、かなりミニサイズになり、地面に這うように背を低くして広がっている。人が地面を踏み固めるような場所に生える植物たちの集合体（群落）を、〝踏みあと群落〟と呼ぶ。オオバコは、この踏みあと群落の構成員の一つである。

ツユクサ、カラスノエンドウ、ホトケノザ、オオウシノケグサ、カゼクサなどが散見される農道の

図1　踏みあと群落の雑草
左上：カゼクサ
左下：ネズミノオ
右上：チカラシバ
右中：シロツメクサ
右下：ウマゴヤシ

路面に広がってオオバコたちがかなり大きな群落をつくって生えていた。ある日、この農道が山から採取された荒土で二〇センチメートル厚に覆土された。二カ月後、オオバコたちは覆土の上へと次々に葉をのぞかせてきた。オオバコたちの生きようとする執念とその力強さを、そこに見た。

タンポポの種子は風に乗って、スイバやツユクサの種子は人の足や衣服について、運動場や公園内に持ちこまれる。地面に落ちた種子はやがて発芽する。しかし、こうした場所は頻繁に人が歩くので、〝踏みつけ〟という人的圧（攪乱）が彼らに常時加わる。

スイバやツユクサは〝踏み圧〟に弱い。**図2**のホトケノザやハハコグサたちも踏み圧には弱い。果樹園や庭園などでは除去に困るほどに元気に育つが、人の踏み圧がかかる公園などへは侵入できない。しかし、オオバコやカゼクサたちはそうではない。結果的に、オオバコやカゼクサたちが生き残り、スイバやツユクサは消える。子

図2　踏みあと群落をつくらない雑草1
左：ホトケノザ　右：ハハコグサ

どもたちが公園や運動場で元気に走りまわって遊ぶことで、オオバコやカゼクサたちは生き残る。

農道の踏みあと群落

舗装されていない農道を歩いていると、一面にオオバコが広がっている場所に出会うことがある。こうした場所は、人にあまり利用されていない〝踏み圧〟の弱い場所だ。

オオバコたちが斜上した葉を四方に広げ、生き生きと育っている場所では、チドメグサ（ノチドメやオオチドメなど）やスズメノカタビラ、オランダミミナグサ（**図3**）といった、踏み圧に弱い雑草たちもオオバコにまじって生えている。

農耕車が地面を踏みつける部分（わだち跡）だけが二本の線状に裸地化し、この裸地にそってオオバコたちが茂っている農道を見ることもある（**図4**）。人や車の往来がさらに頻繁になると、農道の全面が裸地化し、植生

図3　踏みあと群落をつくらない雑草2
左：オオチドメ　右：オランダミミナグサ

（草の群がり）が見られるのは道の両側の法面《のりめん》のみとなる。

人が立ち入らない道路の法面には、いろいろな種類の草が茂る。ところが、オオバコは形態上の特性から、茎を地上に高く立てることができない。オオバコの周辺に背の高い雑草、例えばヨモギやヨメナ、アオビユ、イノコヅチなどが茂ってくると、背の低いオオバコにまで日光が届かない。オオバコは光の獲得競争に敗退し、法面の草本群落から消えていく。

図４　農道のオオバコ（矢印）

オオバコはなぜ農地へ侵入しないのか

田んぼや畑の雑草を調べていると、不思議な光景に気づく。農道ではごくふつうに見られるオオバコが、すぐ横の作物を栽培中の農地へは侵入していない。なぜなのだろうか。解はすでに示した。ツユクサは農道わきにも生えるが、そばの畑地にも侵入してくる。ヨモギやヨメナも、ツユクサと同じような行動をとる。初期の除草を怠ると、ヨモギやヨメナのような地下茎をもった多年草が畑一面を覆いつくし、除草に苦労する。

オオバコが耕作中の農地へ侵入しない最大の理由は、ほかの植物との生存競争に極端に弱いことにある。オオバコが生育するためには、強い光が必要だ。オオバコは光の閾値《いきち》が高い。

植物はそれぞれ、光合成（糖をつくる働き）を行うために必要な固有の光の強さ（閾値）をもっている。この閾値よりも光が弱いと、光合成ができない。

光の閾値が高い植物（陽生植物）は、農作物の陰が広がる農地内では、光が不足して生きていけな

コラム

オオバコの花は雌性先熟《しせいせんじゅく》

オオバコは一個体から三～五本の花穂《かすい》を立て、それぞれの花穂の先端にはイネの穂のようにたくさんの花がつく。

一個の花には、中心部に一個のめしべ、めしべを囲むように四個のおしべがある。

花弁は筒状で先端は四裂、がく片は四個。一つの花穂（花序）は、下から上へと順次に熟す（無限花序）。

めしべが先熟（**図**左：雌性期）、ついでおしべが熟する（**図**右：両性期）。雌性先熟は自家受粉をさけるための機作であり、他家受粉を優先する野草の性質をオオバコたちは残している。

めしべが先熟し（左）、ついでおしべが熟す（右）

い。光量の不足は、動物に食物を与えないのと同じだ。

オオバコが農作物の広がる農地内へ侵入できないのは、光の閾値が高いにもかかわらず、地上茎が極端に短いことにある。農作物が育つ農地内では光合成に必要な光量を享受できない。結果的に、農地内でオオバコは生きていけないのである。

しかし、湿った土壌では、オオバコは被陰条件下でも高い種子発芽率を示すという。種子発芽は被陰された農地内でも可能だ。このことは、彼らの群落構成とどうかかわるのだろう。

もう一つ、オオバコの強みは、人の足に踏まれても、そのことで植物体がダメージを受けることが少ない点である。したがって、多くの植物が踏み圧で組織損傷を起こし、生育できない場所（公園や道路わき）にも、オオバコたちは生きることができる。人の往来で組織損傷が起こることよりも、人によって、背を高くする植物の生育が抑えこまれることのほうが、オオバコたちにはありがたい。人の往来（踏み圧）に助けられて、オオバコは公園や運動場の片隅で生き残る。

信州（長野県）の美ヶ原高原（標高二〇〇〇メートル）を歩いたことがある。高山植物の保護のためにと、植物採集禁止のエリアがあった。そのエリア内を貫通する登山道には、多くの観光客が往来するためか、たくさんのオオバコが生えていた。伊予（愛媛県）の大川嶺《おおかわみね》高原（笠取山：標高一五六二メートル）や石鎚山《いしづちさん》（土小屋《つちごや》：標高一四九二メートル）では、チシマザサやシコクフウロなどが生える尾根の登山道にそってオオバコが群れていた。日本の最北端の町、稚内《わっかない》（北海道）の路傍にもオオバコを見た。光さえ十分であれば、日本のオオバコたちは踏み圧や気温の低さ、積雪などは気にしないたくましさをもっている。

在来種オオバコには四倍体（$2n=24$）と六倍体（$2n=36$）がある

伯方島《はかたじま》（瀬戸内海）のオオバコ

伯方島は愛媛県（四国）の高縄半島の沖、瀬戸内海に浮かぶ小島の一つだ。かつて四国は瀬戸内海の南側に浮かぶ孤島であった。四国と本州とをむすぶ架橋は、四国人が切望する夢の一つであった。しかし、瀬戸内海架橋（通称しまなみ街道）の完成で人や車の往来が島嶼間で頻繁になると、島々の二次植生にどんな影響が出るのだろう。こんな疑問を明らかにしようと、伯方島全域の植生調査を愛媛県高校理科教師（生物担当）らが協働で始

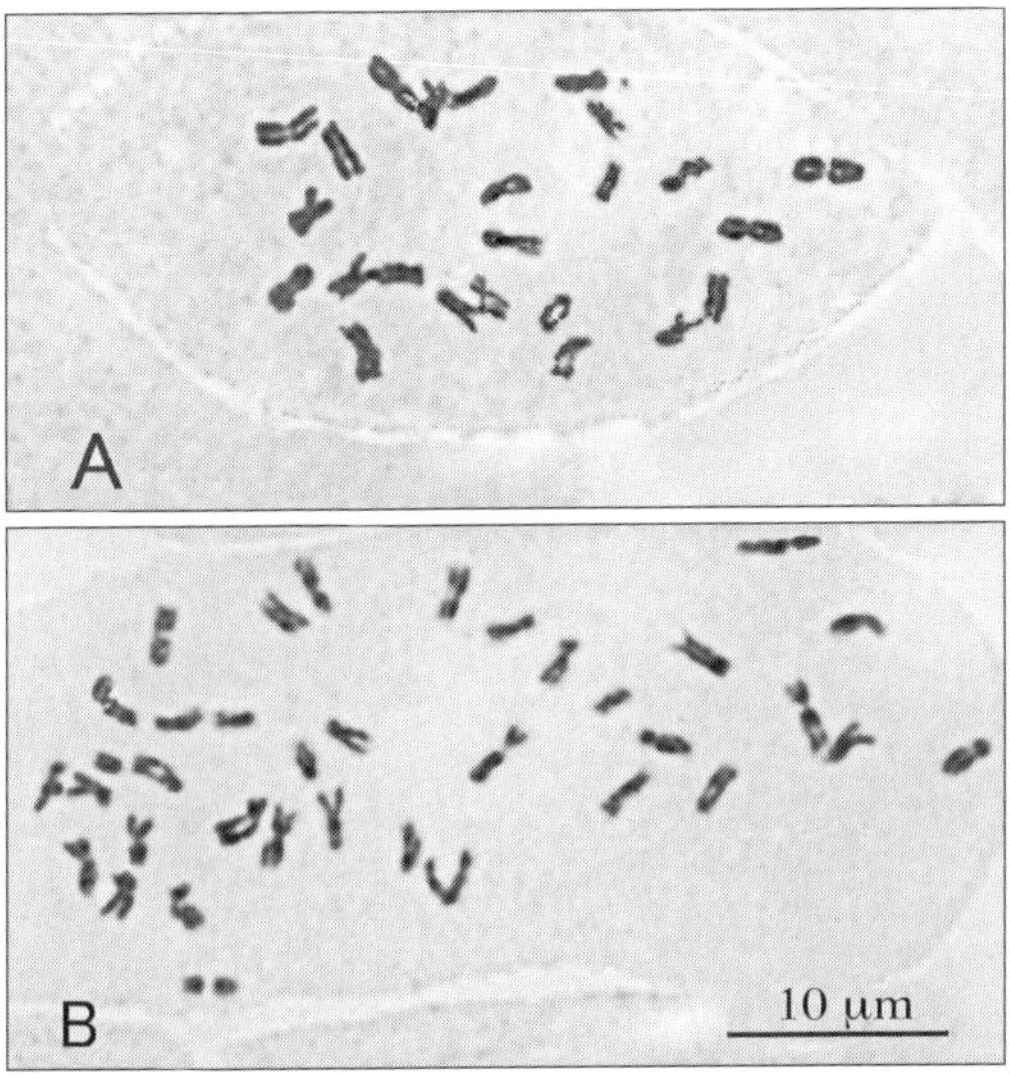

図5　オオバコ（在来種）の根端細胞の染色体（分裂中期）
A：$2n=24$（四倍体）　B：$2n=36$（六倍体）

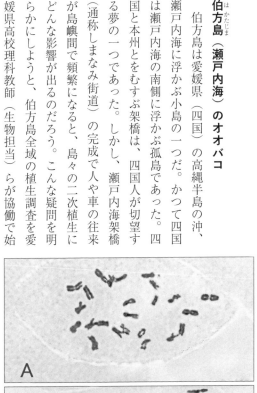

めた（第一次報告書一九七五年、調査の終了二〇一二年）。

調査を始めたころ、伯方島の北側の入江に沿って、風の強い日には波しぶきがかかりそうな水田があった。その農道に、外見が少し違う二種のオオバコが共生していた（**扉図**）。一つは四倍体（**図5A**）、ほかの一つは六倍体オオバコ（**図5B**）であった。

日本の在来種オオバコは、伯方島で見たように、種内に染色体数が$2n$＝24と$2n$＝36の二つの種《しゅ》（サイトタイプ）を分化していた。

四倍体と六倍体とでは生態的分布が異なる？

一九七〇年頃には、藤原勲（当時、佐賀大学教授）が本州西部や九州以南に分布する日本在来のオオバコの染色体数を広く調べていた。

在来種オオバコには四倍体（$2n$＝24）と六倍体（$2n$＝36）とがあり、九州や本州西部では、四倍体は低地の農地から山間部、海岸近くにまで広く分布、六倍体は海岸近くで見つかることが多いと、彼はいった。

ところが、その後、沖縄や台湾で調査をしてみると、六倍体は市街地で多くが見つかる、というのだ。九州本島での分布の仕方とは違うらしい（私信：藤原 一九七八年八月）。

藤原の調査結果を、オオバコの染色体数未調査の北海道や本州の中・北部、四国などで検証してみた。六倍体（$2n$＝36）の分布の仕方は、九州地方とはどうも違うようだ。

四国の西端、玄界灘に面した宇和島《うわじま》地方のオオバコ集団では、六倍体は海岸近くの湿った草地や雑木林の林縁でかなり集中的に見つかった。この生え方は、トウオオバコの分布に似ている。しかし同時に、藤原が調べた「九州地方の六倍体の分布の仕方」にも似ていた。

四国山地も含めて四国の中部地域ではどうだろう？　六倍体は海岸近くに見つかるが、標高七〇〇メートルを超える四国の背稜《はいりょう》山地の路傍でも見られた。さらには、四国の最高峰の石鎚山（標高一九八二メートル）の八合目以上の登山道わきにも、広範囲で六倍体オオバコの群生が見つかった。しかも、ここでの生態的分布の様態は恒常的だ。九州地方の分布の仕方とは違う。

四国中部地方と同じような様態の分布事例は、北海道や本州でも見られた。例えば札幌市（北海道）、松本市（長野県）、諏訪市（長野県）、大津市（滋賀県）、秋芳台（山口県）などに六倍体オオバコが分布していた。

岩坪美兼らは富山県内のオオバコ（九二三個体）の染色体数を調査した。ここでも、四倍体オオバコが分布しているすべての地域にわたって、個体数は少ないが六倍体オオバコがほぼ平均的に見つかっている。

日本列島に分布する在来種オオバコには、染色体数が$2n=24$（四倍体）と$2n=36$（六倍体）の二つのサイトタイプが存在する。そして、日本列島のどの地域においても、染色体数の少ない$2n=24$個体が圧倒的に多数で、かつ広域に分布しているらしいことがわかった。

ところで、この染色体数の少ない$2n=24$個体が日本列島では広く分布し、染色体数の多い六倍体

（$2n=36$）個体が散発的という地理的分布の仕方は、これから述べるヨーロッパオオバコ（仮称）（$2n=12$、24）の地理的分布の仕方とは正反対なのである。ヨーロッパオオバコでは、染色体数の多い四倍体（$2n=24$）が広域に、かつ個体数も多く分布している。なぜだろう。次に、このことを見てみよう。

ヨーロッパ大陸のオオバコ

ヨーロッパオオバコとセイヨウオオバコ

ヨーロッパ大陸に広く分布しているオオバコには、ヨーロッパオオバコ（*Plantago media* L.）とセイヨウオオバコ（*P. major* L.）の二種がある。ヨーロッパオオバコは葉に細毛が密生し、葉幅がやや狭く、葉柄も短い。日本のオオバコとは形態が明らかに異なる。外来種のツボミオオバコ（**図6**）に似る。ところが、セイヨウオオバコは日本の在来種オオバコに非常によく似ている。一果実の種子数を比較する以外には、両者の外部形態による識別はかなり困難である。このことから、セイヨウオオバコと日本の在来種オオバコとは、遺伝子を共有する部分がかなりあるのではないか、こんな想像もできる。

ヨーロッパオオバコは後発の倍数体（四倍体）が優勢

すでに述べたが、日本の在来種オオバコでは染色体数の少ない四倍体（$2n=24$）が日本全土に広く、かつ連続的に分布し、後発の六倍体（$2n=36$）は個体数が少なく散発的だ。種分化の一般論では、染色体数が少ない個体群（例：二倍体）が先発で、染色体数の多い個体群（例：四倍体）は後発組である。日本の在来種オオバコはマニュアル通りに、染色体数が少ない四倍体オオバコの個体数が圧倒的に多く、地理的分布も連続的だ。ところが、ヨーロッパオオバコでは、この関係が逆転している。

ヨーロッパオオバコの種内には、二倍体（$2n=12$）と四倍体（$2n=24$）とが分化している。このことは、日本の在来種オオバコに四倍体（$2n=24$）と六倍体（$2n=36$）が存在することに似ている。ところが、地理的分布の仕方は、日本の在来種オオバコとは逆だ。ヨーロッパオオバコでは染色体数の多い四倍体（$2n=24$）がイギリス、スペイン、フランス、オーストリア、セルビア、フィンランドなど、ヨーロッパのほぼ全域にわたって広く連続的に分布している。四倍体の圧勝である。一方、染色体数の少ない二倍体（$2n=12$）は、南ヨーロッパの西部と東部に偏在的（隔離的）に分布するのみである。日本列島とヨーロッパ大陸とでは、

図6　ツボミオオバコ（*P. rirgimica*）
外来種として人里に広く分布している

種内倍数体の地理的分布の仕方が逆になっている。

ヨーロッパでは二倍体が局所分布で四倍体は広域分布

一般的な言い方をすれば、四倍体などの倍数体は二倍体の染色体が倍加することで誕生する。したがって、新しく生まれた四倍体は、誕生の初期には二倍体集団の中のどこかに偏在的、かつ地理的に狭い範囲で、細々と分布していたはずだ。

しかし、新しく生まれた倍数体のほうが、環境への適応能力にすぐれていることが多い。そうした場合は、やがては後発の四倍体は周辺の二倍体を駆逐し、さらには二倍体がまだ分布を広げていない新天地へと進出し、時間の経過とともに、後発の四倍体が二倍体を凌駕して広い分布域を独占するようになってくる。すなわち、時間の経過とともに先発の二倍体は、新しく誕生した四倍体にとって変わられ、これまでの分布域からしだいに排除され、分布域を縮小させられ、やがては点在的分布（隔離分布）を余儀なくされるようになる（論理的推論）。

この論理的推論をヨーロッパオオバコの地理的分布に適応してみると、ヨーロッパでの二倍体と四倍体との地理的分布が説明しやすくなる。そのようなことが、ヨーロッパ大陸では現実的に起こっていたのだろうか。その証拠を提供する手法の一つに、地層の中に残る花粉を分析するという方法（花粉分析法）がある。

花粉分析から見えてくるヨーロッパオオバコの進化

植物は、たくさんの花粉をつくって、それらを周辺へまき散らす。こうした花粉は土に落下し、やがては、その一部は化石として土壌の中に残る。土壌中の花粉の化石を調べることで、ある地域の過去に生きた植物の種類を知ることができる。花粉分析という手法である。

この手法でヨーロッパのオオバコ類の消長を調べてみると、最終氷期（七万〜二万年前）を通して、ヨーロッパオオバコ（2*n*＝12）がヨーロッパの西部および北部では最もふつうなオオバコであったことがわかってきた[*]。

氷期が終わり、気温が上昇してくると、ヨーロッパオオバコは氷河の解けた北の新天地へと急速に分布を広げていった。ところが、この気温の上昇は、これまでは寒くて草原でしかなかった地方に森林を再生することになる。森林の拡大とともに、オオバコたちは急速にヨーロッパ大陸の南から北へと個体数を減らしていった。オオバコたちは、森林の中では光不足で生きられないからである。

＊——化石になった花粉の染色体数を直接的に算定することはできない。しかし、二倍体花粉のほうが四倍体よりも小さいので、花粉の大きさを比較することで倍数体を類推することはできる。

オオバコの新天地が開けた

しかし、今から五〇〇〇年くらい前から再度、オオバコたちの生育する新天地が開けてきたらしい。人による森林伐採と、それにともなって草原が広がりはじめたからである。

人が農業を起こし、牧畜を始めた。この時期になると、ヨーロッパオオバコには四倍体（$2n=24$）が分化していたらしい。一般的に、二倍体よりも四倍体のほうが気温への適応力は高い。二倍体が分布できていない新天地へ、あるいは先発の二倍体を駆逐しながら四倍体オオバコはヨーロッパ大陸を北進し、ヨーロッパ全域に広く、かつ連続的に分布をするようになっていった。

このように、ヨーロッパでは長い年月をかけて、四倍体オオバコが広域に、二倍体オオバコは点在的に分布するという現在のヨーロッパでのオオバコの地理的分布ができあがった、と考えられている。

日本産オオバコの地理的分布は、四倍体が六倍体よりも優位

では、ヨーロッパオオバコでの推論の仕方を、日本在来のオオバコの地理的分布に当てはめてみよう。

在来種四倍体オオバコと六倍体オオバコとの関係は、ヨーロッパオオバコの二倍体と四倍体との関係とは地理的分布の点で逆になっている。日本の在来種では、四倍体が日本列島を南北に広く分布しており、染色体数の多い六倍体の分布は分散的、地域によっては限定的である。したがって、日本列島での六倍体オオバコの分化の歴史は、それほど古いことではない（むろん地質年代的ではあるのだが）、と想像される。

本州では、六倍体オオバコの分布は内陸部の山岳地帯にまで及んでいる。ところが、四国西端や九州・沖縄地方では、六倍体の分布は海岸近くにかなり限定的で、沖縄や台湾では人の生活圧が強くて四倍体が生育しづらい市街地で六倍体が集中的に見つかっている。ツユクサやキツネノボタンの事例のように、日本列島のほぼ全域にわたってオオバコの倍数性を調査したという研究事例が、まだない。したがって、断定はできないが、六倍体オオバコの日本列島での倍数体分化と分布拡大はそんなに古い時代のことではないだろう。日本のオオバコ（在来種）の倍数体分化は、ヨーロッパオオバコにくらべれば、その誕生（分布）の歴史は浅い、といえそうだ。

藤原は、「九州では海岸近くに、沖縄では町中のような人の生活圏に六倍体オオバコが多い」といった。

人の生活圧に助けられて六倍体オオバコは分布圏を拡張している、と解釈できそうな話だ。

在来種オオバコの形態的変異

オオバコの葉の大きさや形を調べてみよう

オオバコの葉は根出葉《こんしゅつよう》（根元で放射状に広がっている葉）のみなので、花穂のないときは根出葉の形と大きさが、オオバコの草形を代表することになる。
図7は一〇メートル×一〇メートル（一〇〇平方メートル）の広がりの中にある農道や水田のあぜに生えていたオオバコ五七個体のうちの二個体（**図7**下）と一個体からの根出葉（**図7**上）である。成熟した根出葉は、同一個体に限れば、形や大きさに有為の差はない（**図7**下）。ところが、狭い調査面積内にあっても、そこに分布する個体間で葉の大きさに大きな違いがあった（**図7**の上と下二個体の根出葉）。この個体差は遺伝的なものなのだろうか。

オオバコが生えるのは、人里の路傍や農道、公園や学校といった場所だ。生育環境は、けっして単一ではない。水環境一つをとってみても、例えば、水田のあぜは湿潤だし、畑地の農道は乾燥している。野外で見られる葉の大きさの違いは、生育環境の違いによる個体変異（彷徨《ほうこう》変異）と遺伝的な変異（突然変異）が複合して表現された結果だと考えてよい。

図7　1つのオオバコ集団（57株）内で見られた葉形（大きさ）の個体間変異例

神社仏閣に生えるオオバコは葉が小さい

神社仏閣の境内に生えているオオバコは、農道や人里の道ばたに生えるオオバコよりも相対的に小さいことは、よく知られている。この小さいオオバコたち（矮性《わいせい》オオバコ）は、神社仏閣という特別な生育環境のために小型化しているのだろうか？　それとも、遺伝的に矮性なのか。野外の現地で観察していただけでは解答は得られない。神社仏閣の境内という特別な環境のために、本来は大きく成長できるものが小型化している、とも考えられる（**図7**参照）。

人家の庭にも**図8**に示すように、小さいオオバコが生える。草体は小さいが、立派に花軸を立て、種子を実らせている。神社仏閣の境内に生える矮性オオバコとくらべても、小さいことにかけては遜色《そんしょく》がない。

中山祐一郎らは京都市北部に点在する神社仏閣から矮性オオバコを集め、それらを人工的にコントロールした環境下で栽培し、検証した。ふつうの大きさに生育する個体もあったが、多くは矮性を保持した。神社仏閣のオオバコの矮性は遺伝的であった。人

図8　庭の超矮小オオバコ

里には普通型オオバコが、そして神社仏閣の境内には矮性オオバコが生えている、という大まかな仕分けがわかった。

なぜ神社仏閣に矮性オオバコが生えているのか？　日本の神社や仏閣の境内は樹木によって薄暗く、土壌中の窒素とリンの含量は、普通型の生育する農道よりも少ないから、という。

また、境内では維管束植物の多様度指数が低く（種数が少ない）、神官や僧侶などによって毎日掃き掃除が行われるなど、農道などの生育地とは環境条件や管理様式が顕著に異なる。こうしたストレス負荷に耐えられるように突然変異で誕生した小さいオオバコが、いわゆる神社仏閣の境内に生えている矮性オオバコ（*P. asiatica* var. *densiuscula*）だとも、考えられる。

では、日本全国の神社や仏閣で見られる矮性オオバコは、それぞれの神社や仏閣で独立的に誕生したのであろうか（収斂的種分化）。それとも、どこかの人里集団内に突然変異で生じた矮性オオバコが、長い年月をかけていろいろな神社仏閣に拡散侵入し、各地に隔離集団（種分化）を形成していったのであろうか（適応放散的種分化）。

この疑問を解決するためには、遺伝子解析という手法を借りるのも一つの方法である。

矮性オオバコは多種存在するのか?——神社仏閣と屋久島のオオバコ

神社仏閣の矮性オオバコをDNA解析する

日本の神社や寺の境内に生える矮性のオオバコは、道ばたなどに生えているふつうのオオバコとは別扱いとし、分類学的には矮性オオバコ(*P. asiatica* var. *densiuscula*)という変種または品種として扱ってよいことが、中山祐一郎らの栽培実験でわかった。

動物や植物の形態や働きをコントロールする遺伝子の大部分は、細胞内の核と呼ばれる構造物の中にDNA分子として収納されている。こうしたDNA分子のすべてが、遺伝子として機能しているわけではない。そうした不活性DNA部分には、DNA分子の突然変異が集積しやすい。遺伝子解析は、こうした部分を抽出して利用する。

石川直子らは屋久島や日本列島各地の神社仏閣、島嶼部などから矮性などのオオバコを収集し、それらのDNA分子の一部(SUC-1遺伝子)を解析比較した。その結果、矮性を含んで、オオバコたちは、**表1**に示すように、八つの遺伝子型に分けることができた。

表1の八型がどのような道筋で種分化を果たしたのか、遺伝子の解析結果からは次のように考えられている。

表1　SUC-1遺伝子型（Ⅰ〜Ⅷ）の解析（Ishikawa *et al.* 2006より作成）

遺伝子型	矮性オオバコの採集地
Ⅰ	金華山島（宮城県）、御嶽山（長野県・岐阜県）、三井寺（滋賀県）、伊勢神宮（三重県）、北海道神宮（北海道）、他の5採集地からは普通型オオバコ
Ⅱ	白川八幡神社（岐阜県）
Ⅲ	南禅寺（京都府）、大山祇神社（愛媛県）、伊曽乃神社（愛媛県）、櫛田神社（福岡県）、太宰府（福岡県）、他の6採集地からは普通型オオバコ
Ⅳ	宮島（広島県）
Ⅴ	普通型のみ
Ⅵ	普通型のみ
Ⅶ	奈良公園（奈良県）、他の採集地からは普通型オオバコ
Ⅷ	宮之浦岳（屋久島）、黒味岳（屋久島）

現在は、距離的には遠く離れている屋久島と奈良公園の矮性オオバコとが、最も遺伝的距離が近い。この二つの雑種が矮性オオバコの祖先型となり、日本列島の各地へと地理的分布を広げていった。この拡散過程で、列島各地の神社仏閣にも侵入し、それぞれの地域の環境の違いによって、矮性オオバコはさらにⅠ〜Ⅷの八型に分化した（適応放散）、という。

右の仮説を補強する事実が、人家の庭に存在した。

矮性オオバコは人家の庭にも生きていた

石川らが提案した仮説を考えるための新事実が一つ、最近になって見つかった。

人家の庭に、矮性オオバコが生きていたのである。

庭園のクリが枝を広げる周辺に生えるオオバコたちは、そこから少し離れたコナラやカキの樹間下に生えるオオバコたちよりも葉が小さいと直感的に感じて、何年かが過ぎた。

念のため、近くの田んぼの農道から採集してきた普通型オオバコ（四倍体と六倍体）とともに、三年間同時栽培テストをしてみたところ、**図9**に示すように、矮性オオバコを人家の庭に生えるオオバコ集団から抽出することができた（A4、B4、B5）。

人家の庭に矮性オオバコが生えていた。葉身長は四センチメートル以下という中山らの定義をクリアしている。そればかりか、登芯（花穂を立てる）も普通型オオバコより一カ月ばかり早い（B4～5）。

この矮性オオバコがどこから庭に忍びこんで来たのかは、今のところわからない。しかし、矮性オオバコが人家の庭に生えていたことだけは、確かだ。矮性オオバコの生活圏は、神社仏閣のみではな

図9　庭で生きる矮性オオバコ（撮影日A：2015年7月19日、B：2015年6月9日）
A　1：普通型（六倍体）、2～3：普通型（四倍体）、4：矮性（四倍体）
B　1：普通型（六倍体）、2～3：普通型（四倍体）、4～5：矮性（四倍体）
矮性オオバコは6月初旬に登芯（早熟）

かったのである。

　ひょっとすると、矮性オオバコは人里に思いのほかふつうに生えているのかもしれない。道ばたのオオバコは、大小さまざまな大きさのものが混生している（**図10**）。これを見て、オオバコの大きさには大小さまざまなものがあるのがふつうで、それは彷徨変異の結果だと思いこみ、人里に生きる矮性オオバコの存在を単純に見落としていたのかもしれない。

屋久島の山岳に生きる矮性オオバコ——ヤクシマオオバコ

　屋久島の山岳で、矮性オオバコを見ることができる。葉の幅は一・三センチメートル、葉身長四センチメートル以下、倒伏した花茎《かけい》は長さ六センチメートル。葉や花茎の表面に軟毛を密生する（**図11**）。この矮性オオバコは、屋久島の宮之浦岳や黒味岳などで見ることができ、正宗厳敬《まさむねげんけい》はこのオオバコを屋久島の固有変種だと判断した。すなわち、ヤクシマオオバコ（*P. asiatica* L. var. *yakusimensis* 〈Masam.〉 Ohw.）である（和名も学名も「屋久島に生えるオオバコ」という意味）。

図10　路傍に群生するオオバコ。大小さまざまな個体が混生している

しかし、屋久島の矮性オオバコのような小型オオバコは、**表1**に示したように宮島（広島県・瀬戸内海）や金華山（宮城県・石巻市の沖）などにも分布が知られている。

屋久島固有種の分化は、どのようにして起こったのか？

屋久島の山岳地帯に生えるヤクシマオオバコを屋久島の固有種だとするならば、彼らの祖先植物（オオバコ）はどのような植物で、どこから屋久島へやって来たのであろうか。

屋久島の地理的位置は九州本島に近い（約六〇キロメートル）が、海洋島である。すなわち、海底の火山性岩石（花崗岩）の隆起でできた島だ。こうした海洋島では、島が形成された当初には植物は何もなかったはずである。したがって、島誕生後に、長い年月をかけて徐々に島の植生が形成されていったと思われる。しかし、この一次植生は幸屋《こうや》火砕流（海上での高さは二〇〇〇メートル近くにまで達したらしい）、これは約八〇〇〇年前に鹿児島の南方に位置する硫黄島付近で生じた海底火山に起因したものであるが、この火砕流によって島の植生はほぼ壊滅的になったと考えられている。

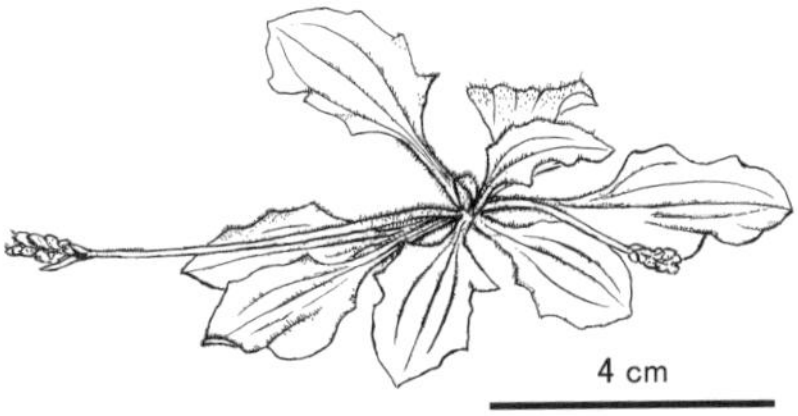

図11 ヤクシマオオバコ
（スケッチ：永田岳産、川原 1997 参照）

現在の屋久島の植生は、この幸屋火砕流襲来以後に再構築されたもの、と考えてよい。そうだとすれば、火砕流の襲来以後に屋久島に移住してきた在来種オオバコから矮性種が分化したのか、それとも九州本島など他所ですでに矮性化していたオオバコが屋久島へ移住してきて、これが現在のヤクシマオオバコの祖先植物になったのか。

屋久島には約三〇種（植物）の矮性固有種が知られている。その一つ、ヒメキツネノボタン（**図12**）は、九州地方に生育していたキツネノボタン（唐津型）が幸屋火砕流以後に屋久島に移住、島での突然変異によって種分化をした（変種）らしい。

石川直子らの遺伝子解析を基調にした分類学的な研究は、ヤクシマオオバコを日本列島の神社仏閣や瀬戸内海島嶼部（例：宮島産）などに散見される矮性オオバコと同一視するわけにはいかないことを示唆した。

では、ヤクシマオオバコの祖先植物の分化は屋久島の中でのことなのか、周辺の島嶼部や日本列島本島、あるいはもっと遠くの陸地なのか？　どこに起源を求めればよいのだろう。この謎解き

図12　ヒメキツネノボタン、屋久島（永田岳）産
鳥取大学にて系統保存

には、もう少し時間がかかるようだ。

セイヨウオオバコ（$2n=12$）が日本列島へやって来た

一九七三年に札幌市で採集したオオバコ九個体のうち、五個体はセイヨウオオバコ（*P. major* L. $2n=12$）（**図13**）、四個体は在来種（*P. asiatica* L. $2n=24$）であった。北海道でセイヨウオオバコが最初に確認されたのは一九五七年なので、札幌市のオオバコの染色体による再確認は、北海道での初発見から一六年が経過していた。

東久留米市（東京都）の路傍でも、セイヨウオオバコ（$2n=12$）がオオバコ集団に混生していた（一九七三年：在来種五、外来種一）。

清水矩宏らによれば、セイヨウオオバコの日本列島への帰化は一九五〇年代（神奈川県）だろうという。北海道での確認は先述のように一九五七年である。

セイヨウオオバコの外形が在来種オオバコによく似ているため、

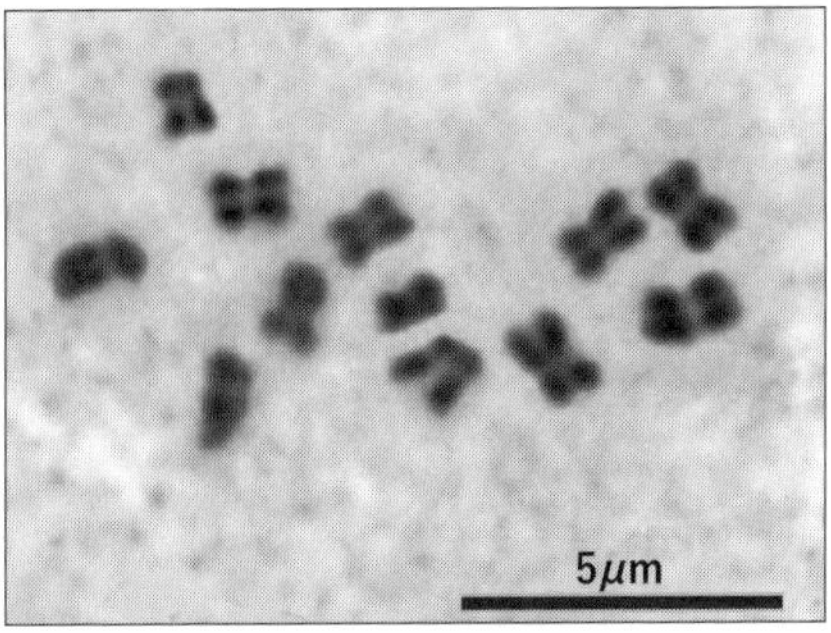

図13　セイヨウオオバコの根端細胞染色体
$2n=12$（分裂中期）

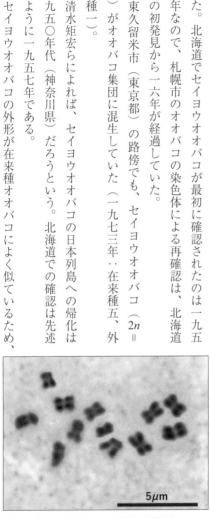

日本へやって来て、在来種オオバコとともに生えているセイヨウオオバコを、私たちは日常的に見落としているだけのようだ。

　在来種は一果実中に種子を四〜九個つけるが、セイヨウオオバコは六〜一二個で、かつ種子は在来種オオバコより小さい。種子の数と大きさの二形質から両種の識別は可能だ。

　しかし、野外での識別はそれほど簡単ではない。両者は外部形態が、なぜそれほどまでに似ているのか。石川直子らは遺伝子解析（DNA分析）という手法を使って、その解答を提案した。

在来種オオバコは、なぜ外来種のセイヨウオオバコに似ているのか

失敗は成功のもと

　在来種オオバコとセイヨウオオバコとの外部形態がよく似ているのはなぜなのだろう。このことを理解するためには、倍数体植物には同質倍数体と異質倍数体があるのを知っておくとよい。

　自然界の「生きもの」たちは、いろいろな失敗をくりかえしながら生きている。この失敗に負けることなく、生き残る（個体維持）。そして、自分の子孫をふやしていく（系統維持）。こうした挑戦によって、生物たちの多くは自分の生きる道を開拓してきた。

さて、新しい種を誕生させる道の一つに、倍数体をつくるという方法がある。この方法を使って、木原均《ひとし》が天然のパンコムギと同じゲノムをもつ合成小麦をつくった（第二次世界大戦中、公認は一九四八年）話は、よく知られている。

異質倍数体（ＡＡＢＢ）

異種の二植物（AAゲノム植物とBBゲノム植物）が雑種F_1（ABゲノム）をつくるチャンスがあったとする。しかし、この異質の二ゲノムを抱えた雑種F_1は、正常な花粉や卵子をつくることができない。この雑種F_1（AB）が減数分裂を行って卵子や花粉をつくるとき、まれに失敗をする。そうした失敗作の中にABゲノムをもった卵子（卵核）と、同じくABゲノムをもった花粉（雄核）がごく寡少に産生されることがある。この失敗作どうしが交配時に出会うチャンスがめぐってきて、受精に成功すれば、新しい倍数体植物（ＡＡＢＢゲノム）が誕生（突然変異）する。* この新しく生まれた植物は、異質倍数体と呼ばれる植物である。異質のゲノムを一つの個体に担ったこれまでにない新種の個体だ。

しかし、苦難はまだ続く。新しく誕生したこの倍数体の種子は、土から芽を出し（発芽―新個体誕生）、根づいた地域の自然環境の中で、周囲の先住植物たちとはげしい生存競争を展開しなければならない。光や水の争奪戦である。この争奪戦をクリアして、花をつけるまで生き残れてはじめて、新しい倍数体植物は子孫を残すチャンスを得ることができる。しかし、ここまできても、子孫を残せる保証は、まだない。種子をつけるまでには、いろいろなハードルが待ち受けている。

新生した異質倍数体（ＡＡＢＢ）は、両親植物がこれまでもっていなかった遺伝子群（ゲノム）を新たに取りこんで誕生した植物（突然変異個体）であるから、新しく獲得した遺伝子群を使って新しい種を展開させることができる。こうした異質倍数体の誕生は、植物の進化（種分化）を飛躍させる有力な手段の一つになる。

＊――失敗の道はこれ以外にもある。

コラム

日本の植物によく似た ハイカラさんたちがやって来た

在来種オオバコとセイヨウオオバコ（ハイカラさん）は外部形態がよく似ていて、両者を見誤りやすい。これに似た例は、水田の雑草に限ってみても、最近はずいぶん多くなった。

例えば、ミズキンバイ（アカバナ科）という水田雑草は、水田や周辺部の湿地に生えて、秋に黄色い花をつける。愛媛県の田んぼに生えるミズキンバイの黄色い花が、最近はどことなく大きくなった感じがしていた。じつは、愛媛県（四国・瀬戸内海側）の水田では、在来種のミズキンバイはごく限られた田んぼでしか見られなくなり、ふつうに見られるのは花の大きいアメリカミズキンバイ（外来種、アカバナ科）である（橋越清一　未発表）。

チョウジタデ（アカバナ科）は、水田のあぜや周辺の湿地に生えて、夏から秋に葉腋《ようえき》に黄色い小花をつける。田んぼには何種かの外来種がやって来ているのだが、一見しての識別は困難。在来種のおしべは四本、外来種は八本を目安に、まず、在来種と外来種とを分別する。次に、外来種の間での仕分けをする。この作業が必要だ。

タカサブロウ（キク科）も、在来種（水田雑草）と外来種はよく似ていて、混同しやすい。種子の形を見ることで、両者は識別できる。在来種の種子には両側面にヨク（翼）と呼ばれる出っ張り部分がついているが、外来種にはそれがない。

外来種は一般に生活力が旺盛で、畑地や農道などの乾燥した場所にも顔を出す。こうした場所のタカサブロウは、ほぼ例外なく外来種である。

ところが最近は、タカサブロウの種子を見ても、「さて、これは翼が〝ある〟といってよいものか、〝ない〟としたほうが適切なのか」と、迷うものに出会うようになった。在来種と外来種との間での雑種が、日本の田んぼでできているようだ。

こうなると、雑種形成という道筋を経て、外来種の遺伝子が在来種に浸透していくこと（遺伝子浸透）が起こってくる（タンポポでは、この過程が詳しく調べられている）。すなわち、新しい種の誕生である。

人の往来がはげしく、かつ移動が長距離化してくると、自然界ではふつう起こらないはずの雑種ができるチャンスが生じる。人の移動に随伴して種子や胞子が遠距離を、かつ短時間に運ばれる。在来種を保護し、地域自然の多様性を保全するという視点からは、外来種の侵入を無視してばかりもいられない。自然を保全するということが、その定義も含めて、至難の時代になってきた。

上：アメリカミズキンバイ
下：チョウジタデ

同質倍数体（ＡＡＡＡ）

同じゲノム（AA）の倍加で誕生する倍数体（ＡＡＡＡ）を同質倍数体という。この同質倍数体は自身の染色体（ゲノム）の倍加で誕生した植物であるから、遺伝子組成は親植物（二倍体）とかわらない。したがって、ゲノムを倍加しただけでは、新種の誕生にはつながらない。しかし、同じゲノムを重複してもっていると、突然変異を集積すること（失敗の集積）がかなり容易だ（突然変異で致死遺伝子を担っても、重複している正常ゲノムで致死の発現を抑えることができる）。時間をかけて突然変異を累積して、変種や亜種、さらには新種へとたどりつける可能性がある。すでに述べたヨーロッパオオバコは、ゲノムの重複（同質倍数体）というこの方法を使って、北ヨーロッパに広く君臨することができた植物である。

オオバコの遺伝子解析

一つの細胞（正確には核）内の染色体（体細胞分裂の前期から中期）たちは、オオバコではたがいに類似した形態のものが多い（**図5**、**図13**）。そのため、染色体の数や形（核型の分析）によって、キツネノボタンのように、類縁関係を解き明かすことは難しい。

石川らは、世界のオオバコ属二四種の遺伝子解析（ＳＵＣ-1と呼ばれるＤＮＡ部分）を行い、その結果からオオバコたちの類縁関係（系統分類）を提案した。そうした提案の中から、ここに関係するオオバコたちのみを[*1]ダイジェスト的に見てみよう。

まず、セイヨウオオバコ、トウオオバコ、タイワンオオバコ、在来種オオバコ、ヤクシマオオバコの五種は共通の遺伝子群（I－ゲノムと仮称）をもつことがわかった。さらに、在来種オオバコ、ヤクシマオオバコ、タイワンオオバコの三種はI－ゲノムとは別の遺伝子群（L－ゲノムと仮称）ももっていた。右の結果をつきあわせると、在来種オオバコ、ヤクシマオオバコ、タイワンオオバコの三種は二つの違ったゲノム（IとL）をもった異質倍数体である、と結論できる。すなわち、右に述べた雑種によって種を誕生させたオオバコたちである。

外来種のセイヨウオオバコと在来種オオバコとは、日本の各地で共存し、かつ形態が酷似していることから、同一視されることがあると書いた。石川らの遺伝子解析の結果は、在来種オオバコはセイヨウオオバコともう一つ別種の未知のオオバコとの交雑から誕生したことを示す。すなわち、セイヨウオオバコと在来種オオバコとの外部形態が酷似しているのは、両者が部分的に共通のゲノム（遺伝子の集合体）をもっているからだ。換言すれば、日本の在来種オオバコとセイヨウオオバコとは、母方か父方のどちらかに共通の祖先植物をもっている。

右記に関連して付言すれば、南西諸島から台湾にかけて分布しているオオバコは、日本の在来種オオバコと同種だとする説と別種（タイワンオオバコ）だとする二つの説が従来からあった。遺伝子解析の結果からは、台湾のオオバコは日本のオオバコとは別種（タイワンオオバコ）としたほうがよいらしい。[*2] しかし、タイワンオオバコとオオバコ $2n=36$ 個体との外部形態による識別はかなり困難である。

＊1——セイヨウオオバコ（$2n$＝12：二倍体）、在来種オオバコ（$2n$＝24：四倍体）、ヤクシマオオバコ（$2n$＝24：四倍体）、トウオオバコ（$2n$＝12：二倍体）、タイワンオオバコ（$2n$＝36：六倍体）。

＊2——ゲノムは遺伝子群。種認識はゲノムではなく、個々の遺伝子の表現型の集積でもって、人が認識する概念。したがって、種認識は人によって意見を異にする。

この章では、日本の田畑や路傍に生えるオオバコたちのロマンを紹介した。日本のオオバコたちの誕生には、こんな雄大なロマンがあった。

第3章

スイバには雄株と雌株がある

日本の学術研究に貢献した雑草

スイバの群生、いろいろ
上左：道路側壁　上右：農道　下：休耕畑

スイバという雑草――その地理的分布

スイバ（*Rumex acetosa* L.）の分布範囲は北半球の温帯、つまり北ヨーロッパから北アジア、そしてシベリアまでの広い地理的分布域をもつ。しかも、人の生活圏に入って生える。酸性土壌によく育つので、土壌酸度の指標植物とされることもある。

日本列島での分布

北海道の一部や沖縄を除いて、全国的に広く分布する。しかも、われわれの身近なところにふつうに見られる、いわゆる人里植物の一つである。田んぼや畑の周辺、農道や道路の法面《のりめん》、小川や河の土手、さらには耕作放棄の畑や果樹園などにもいち早く侵入して、株をふとらせる。種子で繁殖し、何年も同じ株を維持しつづける（多年草）。森の樹木が伐採されると、その跡地にいち早く侵入するパイオニア植物（先駆植物）の一つでもある。

スイバの生活史

植物は、一年草（春に発芽し、秋に開花・結実、冬に枯れる）、越年草（夏から秋に発芽、冬を越して開花・結実）、多年草（二年またはそれ以上を生きる）に大別できる。

スイバは多年草、秋に葉を広げ、ロゼット状で冬を越し、四月に登芯して開花を始め、五月一〇日頃までが盛花期である（四国・中国地方）。風媒花なので、花の形も色も地味である。雌花のみの雌株と雄花のみの雄株とがある（**図1**、**図2**）。

開花・結実後に、葉は枯れる（夏）。地下茎は生きていて、秋に再び葉を広げる。初夏に実った種

図1　スイバの雌株（左）と雄株（右）

図2　雄花（左）と雌花（右）
雄花は葯が6個、雌花の柱頭は羽状に細裂する

子は、秋に発芽、葉を広げて冬を越す。初年度の春に一部の株は登芯・開花するが、多くは二年目の春に開花する。したがって、スイバ集団（個体群）には、若い個体や老熟した個体が混生している。

日本ではスイバは身近な場所にごくふつうに見られる雑草の一つである。日本列島は酸性土壌の地方が多いからであろう。韓国や中国では日本列島のように、ごくふつうにといった植物ではない。

スイバ群落の消長

スイバ群落の消長を、三〇年ばかり見つづけた場所がある。クロマツが混生した雑木林が伐り払われた一角だ。雑木林の除去跡地には、クロマツの稚樹にまじってスイバ、オオアレチノギク、ツユクサなどが生えた。スイバ優占の群落が斑状にでき、クロマツの稚樹が大きくなるにつれて、ネコハギ、ヘクソカズラ、ノチドメ、イワニガナ、ミズヒキなどが侵入してきた。やがてマツの疎林が形成され、枝が林床に影を落とすようになると、シダ類が侵入、スイバはしだいに消えた。ところが、マツの樹齢が一〇年を過ぎた頃からマツノザイセンチュウの被害が広がり、二、三年後にはマツはすべて枯死。明るくなった林床へ、再びスイバが広がった。

マツが消えて一〇年後、群落の優占樹種はネズミモチ、ヤブツバキ、アラカシとなり、一部にコナラが混生。やがてタラヨウ、タブノキ、ウラジロガシ、モチノキ、ツブラジイ、クロガネモチ、アオダモ、カクレミノ、ヒイラギ、などの若い常緑樹が混生する常緑樹林が自然発生的にできあがってきた。樹高は五メートルを超えた。そして、スイバは林床から完全に姿を消し、スイバに入れ替わるかのようにツワブキが広がった。

今では林床の七〇％にツワブキ優占群落が広がり、残りにミズヒキやシダ類（ゼンマイ、ヤブソテツ、ホシダ）の群落、一部にはヤブコウジを見るようになった。

右の観察事例からわかるように、パイオニア植物の一つにスイバを数えることができる。スイバ優占の群落へ樹木が侵入、樹冠を広げてくると、スイバはテリトリー（生育場所）をあっさりと捨て、適地を求めて消える。

一方、人為が加わり、木本類の侵入が抑えられたエリアでは、スイバはヨモギ、カタバミ、チカラシバ、ヒナタイノコヅチなどの多年草と競合しながら共存、さらにはチガヤやススキ群落にも顔を出す強靭さを発揮する。木本類との競争には、あっさりと席を譲るスイバだが、草本類との競争にはしたたかな生活力を発揮する。

スイバの近縁種

奥田重俊は、日本列島でのギシギシ属数種の棲み分けの関係を調査した。日常的に見られるギシギシ属には、スイバのほかにアレチギシギシ、ギシギシ、ナガバギシギシ、エゾノギシギシ、ヒメスイバがある（**図3**）。

アレチギシギシ（外来種）は、**図3**に示したどの植物よりも早く（約半月）、春に登芯・開花する。乾燥した荒れ地に生えるが、群落の優占種にはなれない。

ギシギシ（在来種）（**図3**B）は、水分の多い富栄養土壌に生える。休耕水田（四国地方や中国地方の瀬戸内海側）では、ケキツネノボタンを随伴して群集の標徴種《ひょうちょうしゅ》（群集を識別するための目安になる種）になる。

ナガバギシギシ（外来種）（**図3**C）は、一見してギシギシに似て、ギシギシと誤認されることもある。

エゾノギシギシ（外来種）（**図3**D）は、一九六〇年代頃の愛媛県では希少な植物の一つであった。一部の植物愛好家たちは、これを鉢植えにして愛でた。現在（二〇一〇年代）は湿った草地の強力な害草の一つになり、除草に苦労する。

ヒメスイバ（外来種）（**図3**E）は、乾燥した貧栄養の土壌に多い。踏みつけにも強い。

奥田重俊は、ギシギシ、ナガバギシギシ、エゾノギシギシ、アレチギシギシの四種は、河川の中・下流域の冠水域に発達する植物群集（群落の集合体）の標徴種になる、という。

ままごと遊びの材料に

スイバは、古くからままごと遊びの好材料であった。かむと酸っぱい味が口に広がる。

敗戦（終戦）当時の田舎の子らには、食肉用のウサギを飼ってペットがわりにし、育てて売る子もいた。母親に何がしかを渡して家計の足しにする子もいた。冬にはスイバがウサギのよい飼料になった。

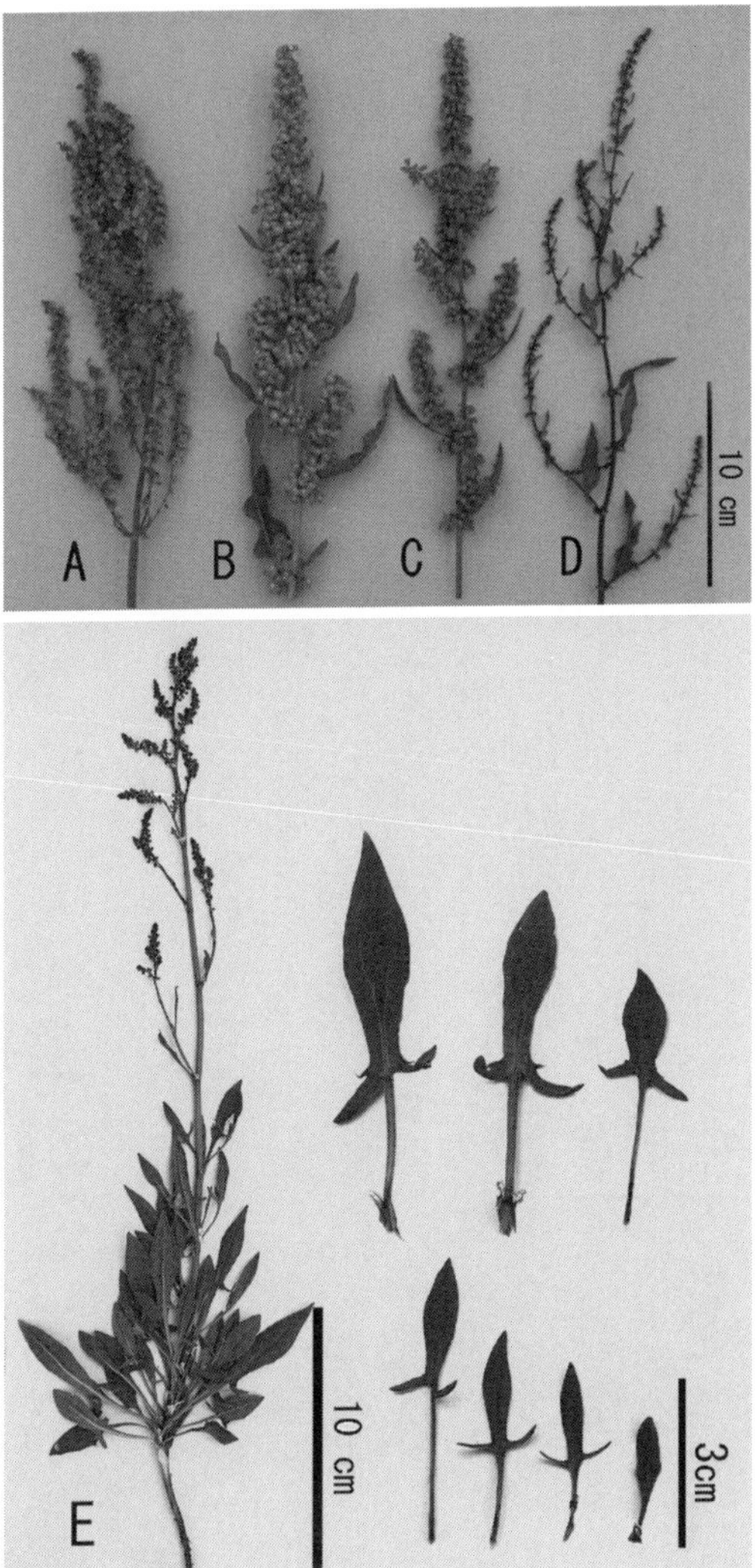

図3
スイバ（A）と
近縁種（B～E）
B：ギシギシ
C：ナガバギシギシ
D：エゾノギシギシ
E：ヒメスイバ（下）
下の写真の右側は、E
の同一株からの葉（下
位は左上、最上位は右
下）

「葉は欧米では好んで食べる」と、北村四郎と村田源は書いている。

スイバには雌株と雄株がある

花びらを散らさない雌花

スイバは雌雄が別株だが、外部形態で雌雄の判別ができる。花穂《かすい》を伸ばしたときの外形には二つあり、**図1**の左が雌株、右が雄株である。雌花の中央に、めしべがある（**図2**右）。めしべの先端は三分岐し、それぞれの先端（柱頭）はさらに羽状に分かれる。風に乗って運ばれてくる花粉を、受けやすくするためだ。

がく片（三枚）は反転、花弁（三枚）は開花時にはがく片に隠れて小さいが、花が受精すると急に大きさを増し、果実を保護する器官に成長する。がく片も残存する。「花の命はみじかし」の文学的表現は、スイバやイタドリの雌花には該当しない。

雄花には六個のおしべ（葯）がある（**図2**左）。葯からは大量の花粉を放出し、花粉量の多さでスイバが風媒花であることがわかる。雄花は役目を終えると、枯れて脱落する。

雌雄異株の植物

高等な動物では、雌雄別個体がふつうである。しかし、高等な植物では、メスとオスが別個体（雌雄異株）というのは、そんなにふつうなことではない。植物体の雌雄の識別は、花をつけたとき以外には判別しづらい。

コラム

種子を花びらで包んで見守るスイバ

サクラはいっせいに花を開いて、いっきに散らす。そんな花の命を人生に重ねて、古《いにしえ》からサクラが愛された。しかし、サクラの中には花弁を散らすのみで、果実（サクランボ）を滅多につけない木がある。花見で人気のソメイヨシノがそれだ。

ところが、スイバの雌花は花びらを散らすことなく、種子（果実）が熟するほどに花びらも成長、子房を包んで種子を守りつづける。まさに、植物版「肝っ玉かあさん」だ。

スイバに近縁なイタドリの雌花は、スイバよりも大きい。花弁（花びら）が残って果実（種子）の成長を見守っていることを、裸眼で観察できる。花期は晩夏から初秋。小川の堤防などで、花をつけたイタドリを探してみたい。

ソメイヨシノはめったに果実をつけない

イチョウ、ヤマモモ、ヒイラギ、キョウチクトウ、クロガネモチ、キンモクセイなど、園芸種化されている植物の中には、雌雄異株のものが多い。

身近な野生の雌雄異株植物には、カナムグラ（**図4**左上）、アマチャズル、モミジカラスウリ、ヒイラギ、ネコヤナギ、タチヤナギ、アオキ（**図4**左下）など。野菜ではホウレンソウが雌雄異株。

スイバの染色体

染色体の数は種ごとに決まっている

染色体は遺伝子の集合体である。細胞が分裂をして二個になるとき、細胞内の核と呼ばれる構造物が最初に分裂を始める。このとき、核は形態変化をして何個かの縄状構造物（染色体）に分かれる。染色体の数は生物の種ごとに固有だ。例えば、ヒ

図4　雌雄異株植物の例
左上：カナムグラ雄花　左下：アオキ雄花
中：アカメガシワ雄花　右：同雌花

トならば人種に関係なく46個、タマネギは16、ソラマメ12、キツネノボタン16などである。

ところが、同種でありながら染色体数を異にする個体群が種内で見つかることがある（オオバコの章で述べた異質倍数体や同質倍数体とは別の話なので混同しないでほしい）。ニガナでは染色体数が14、21、28（21と28を倍数体という）、ツユクサでは44、46、48、50、52、88、90などである。こうした植物は、種内に倍数体（44に対し88）や異数体（44に対し46、48、50など）をもつ、という。植物には倍数体や異数体の例が多い。

細胞の核にはＤＮＡ（デオキシリボ核酸）と呼ばれる化学物質（遺伝子の本体）が、収納されている。つまり、遺伝子の集合体である。

細胞が分裂するとき、核は何個かの染色体に分割され、核内の遺伝子もそれぞれ、決まった染色体上に配分され、新しい細胞へと送りこまれる。遺伝子は核が染色体に変形・分割される前に、自己複製を完了している。したがって、細胞が分裂して二個になった新しい細胞にはそれぞれ、親細胞とまったく同じ遺伝子組が分配されている。遺伝子の分配の仕組みは、科学的にまだまだ未解明な部分が多いが、まさに、自然の絶妙な機作といわざるを得ない。三〇数億年という気の遠くなるような歳月をかけての造営だ。

現在の科学の力を借りても解明しがたいほどに丹誠こめた、この自然の造営物（ＤＮＡ）を、瞬時にして闇の彼方へと葬り去る行為を、人間は日常茶飯事のごとくやってのけている。産業革命以後のことだ。最近は経済至上主義に押されて、とくにその行為が過激になった。動植物の種の絶滅は、地球が歳月をかけてつくりあげた遺伝子（DNA）群がそっくり、この地球上から消え去ることを意味する。一度失った遺伝子は、二度と地球上へは帰ってこない。動植物の絶滅（多様性の喪失）は人類の絶滅をも予見する深刻な生物事象だと、生物学者たちは発言しつづけているのだが。

スイバの性染色体の発見

スイバは高等植物において世界で最初に性染色体が発見された植物である。木原均《ひとし》と小野知夫《ともお》という二人の生物学者共同の、世界に誇ってよい業績（木原・小野 一九二三a、b）だ。**図5**は、木原・小野の論文からの転載だ。この図を見るたびに、細胞の染色体を見る技術の未発達な時代に、ここまでの図を描きあげ、先駆的発見を成し遂げた二人の日本人生物学者の、百鬼に迫る気迫を感ぜずにはおれない。

性染色体が見つからない

一九〇〇年代初期頃までは、「高等植物は性染色体をもたない」というのがヨーロッパの自然科学（植物学）では常識的であったようだ。当時のヨーロッパの生物学者たちは、精力的に高等植物の性染色体を探索した。ヨーロッパにも生える雌雄異株のスイバは、当然、彼らの探索の対象になった。しかし、スイバから性染色体は発見できなかった。

当時、ドイツには著名な植物学者ストラスブルガー博士がいた。事例研究の域にあった植物形態学

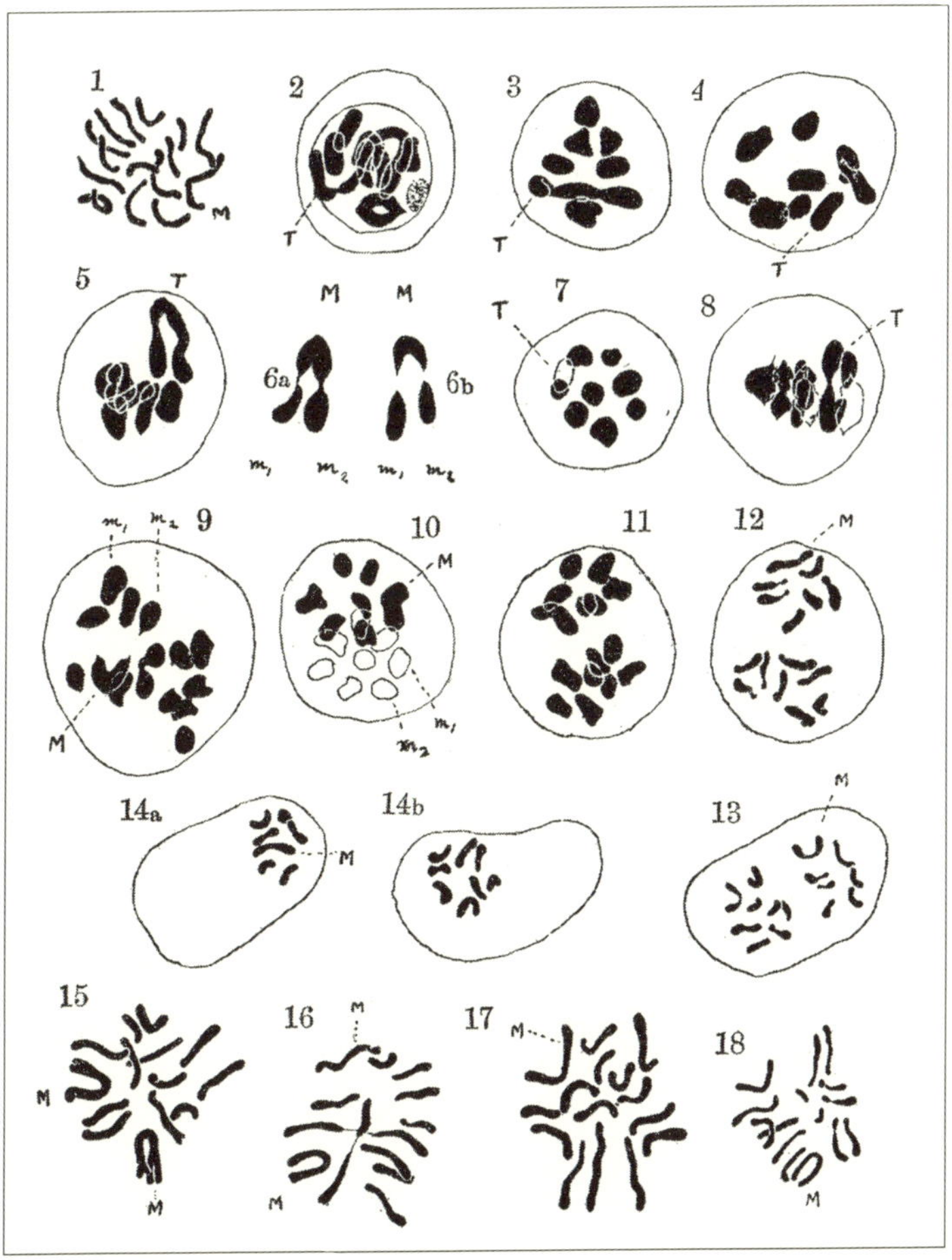

図 5　性染色体発見の論文に示された図（木原・小野 1923a より転載）

を、体系化したことで知られる。彼のもとに、世界各地から著名な植物学者たちが参集した。彼の一門による精力的な研究においても、高等植物の性染色体は発見できない。高等植物に性染色体は存在しないという考えが、ほぼ定着しかかっていた。ちょうどそんなとき、木原均・小野知夫の両研究者によりスイバ（高等植物）の性染色体が発見された。論文の発表年は一九二三年。時は、日本の年号で大正一二年であった。

明治維新（明治元年：一八六八年）で日本は徳川幕府三〇〇年の鎖国を解き、西洋の新しい文化を学び、文明を受け入れた（文明開化）。それからわずか約五〇年後の快挙である。大正期の末頃には、日本の自然科学が、部分的ではあるにしろ、西洋先進国の科学水準にまで到達し、自力で研究業績を展開しはじめていた証の一つでもあった。

コラム

スイバの性染色体発見の裏話

この話は、木原均や小野知夫から直接聞いたものではない。京都大学で木原博士の薫陶《くんとう》を受けたわが恩師からの話である。したがって、内容に誤りがあるとすれば、それは私の聞き取り損《そこ》ないである。しかし、大局はまちがいないと思う。

当時、京都大学で助手をしていた小野知夫（学生服を着た助手だと、木原の『随想集：コムギの合成』〈一九七三〉にはある。後に東北大学教授）は、木原助教授（当時）の実験指導を受けていた。課題は、スイバの染色体（雄株の花粉母細胞）を観察し、それをスケッチすることであった。

スケッチを提出した小野は、木原から注意を受けた。小野が提出したスケッチには、減数分裂第一後期の細胞に染色体が七個と八個が対として描かれていた（例：本文**図5**の10参照）。

当時の科学的常識では、植物の染色体数（体細胞染色体数）は偶数のはずだ。そうだとすれば、ともに七個かともに八個のはずである。

小野は、

「再度、観察するように」

と、木原から注意を受けた。

しかし小野は再び、七個と八個が対になった染色体をスケッチし、木原に提出した。

小野のスケッチに納得できない木原は、

「スケッチに添えて、観察した染色体標本のスライドグラスも持参するように」

といった。

小野が持参した花粉母細胞の染色体標本を見て、木原は驚いた。染色体は確かに減数分裂の第一後期で七個と八個に分かれていた。

木原はスイバの雄株の葯（おしべ）を固定液（カルノア液）で固定し、これを小野に渡していた。この染色体標本に示されている像が正常な細胞分裂を示す像であるとすれば、スイバは雄株と雌株とで染色体数が異なるはずだ。スイバが性染色体（$X+Y_1Y_2$）をもっている可能性がある（本文**図5**には、Mおよびm_1とm_2と表記）。

木原と小野のコンビで、スイバの性染色体を決定する作業がスタートした。

大正末期から昭和初期頃の染色体観察の技術

染色体は、すでに書いたように、遺伝子の収納場所である。そして、染色体数には規則性がある。偶数個がふつうだ。なぜなら、染色体の半数は母方から、ほかの半数は父方から子に伝達される。当然ながら、生物は同形同大の染色体（相同染色体）を二個ずつ、例えばタマネギなら八対、ソラマメなら六対、そしてヒトは二三対もっている。

当時の染色体観察技術では、性染色体の決定は簡単ではない。まずは、スイバの染色体数を確定しなければならない。この作業だけでも、容易ではなかったはずだ。

スイバで性染色体を見た結果は、木原と小野の共著で植物学雑誌三七巻（一九二三年）に発表された。この和文論文の要約が「The sex-chromosomes of *Rumex acetosa*」（スイバの性染色体）として、一九二五年にドイツの自然科学雑誌『Zeitschrift für Induktive Abstammungs und Verebungslehre 39』に掲載された。高等植物（スイバ）から性染色体が発見された、という、世界で最初の、画期的な報告である。木原と小野が発表した染色体スケッチの一部を**図5**に示した。観察した染色体像は、すべてスケッチで示されている。このスケッチには、アッベ*が考案した顕微描画装置が使われた。

論文に記載する図は、説得力のあるものでなければならない。何枚もの図が描かれたはずである。集中力と根気のいる作業だ。

＊——Ernst Karl Abbe（1840–1905）。ドイツの物理学者。

現在の観察技術でスイバの性染色体を見てみよう

木原・小野がスケッチで示した染色体像とほぼ同じ分裂期のものを、現在の細胞学的技術で私が作成したプレパラートで観察し、**図6**と**図7**に対照的に示した。木原と小野が描いた花粉母細胞の染色体、例えば**図5**の8と11に示されたものとほぼ同じ形態のものを、顕微鏡写真で**図6**のCとDに示した。この写真を撮るための手順は、次の①〜④である。

①スイバの花粉母細胞をスイバから採取

②染色体標本を作成

③標本を探査、撮影する染色体を決定

④顕微鏡撮影装置をセット、写真撮影

（①〜④までの作業時間は約三時間）

図6C・Dに示した写真は、木原と小野が図示した**図6**A・Bよりも説得力は高い。現在の観察技術を使えば、ここまでできる。

図7も同じである。**図7**のA・Bは木原・小野の原図（**図5**の16と17）のコピーである。この図に相当する顕微鏡写真を**図7**のCとDに示した。**図7**では、Y染色体も顕微鏡下で特定できている（**図7**のDにY_1お

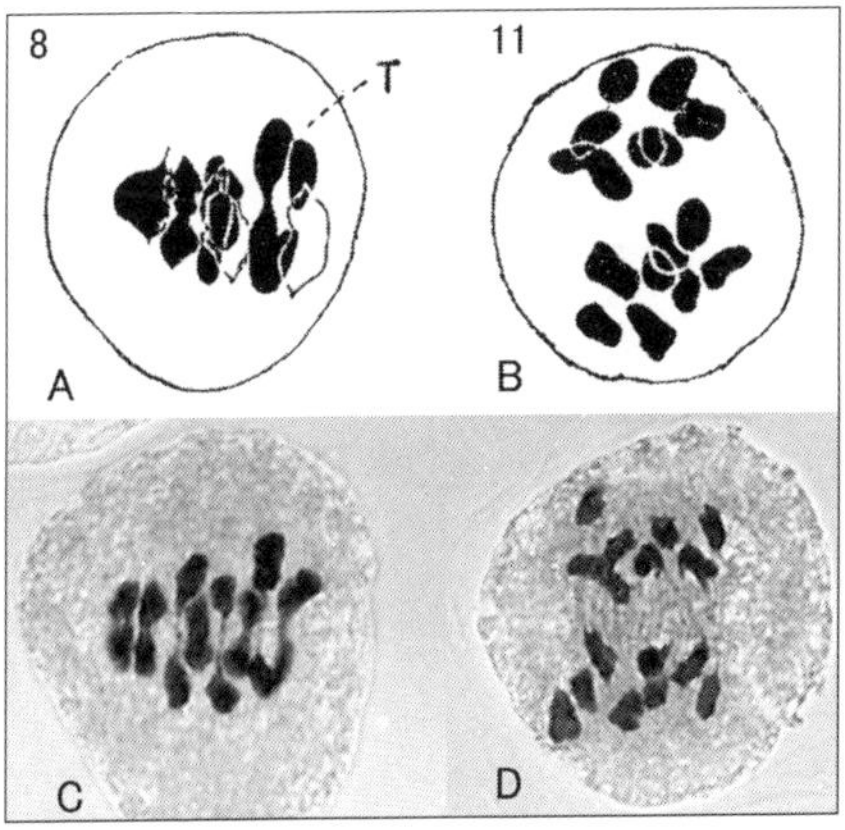

図6　A・B：図5の8と11（雄株の減数分裂中期）を拡大表示。C・D：AとBと核分裂期が同期の顕微鏡写真

よびY_2と表示）。昨今なら、こうした技法も駆使できる。大正時代も今も同じである。新しい科学の発見は、新しい工夫や技術開発の援助があって、はじめて可能になる。科学と技術は、車の両輪のようなものだ。

核型とは

スイバの染色体数は雄株が2n＝15、雌株は2n＝14

スイバの染色体数は雄株で一五個、雌株で一四個が標準的である（**図7**）。これらの染色体を、細胞分裂中期のものを用いて長さの大きいものから順に並べ、**図8**に示した。一二個の常染色体は、比較的大きい一〇個（**図8**のA）と小さい二個（**図8**のa）に分けられる。一つの核が示す染色体の数

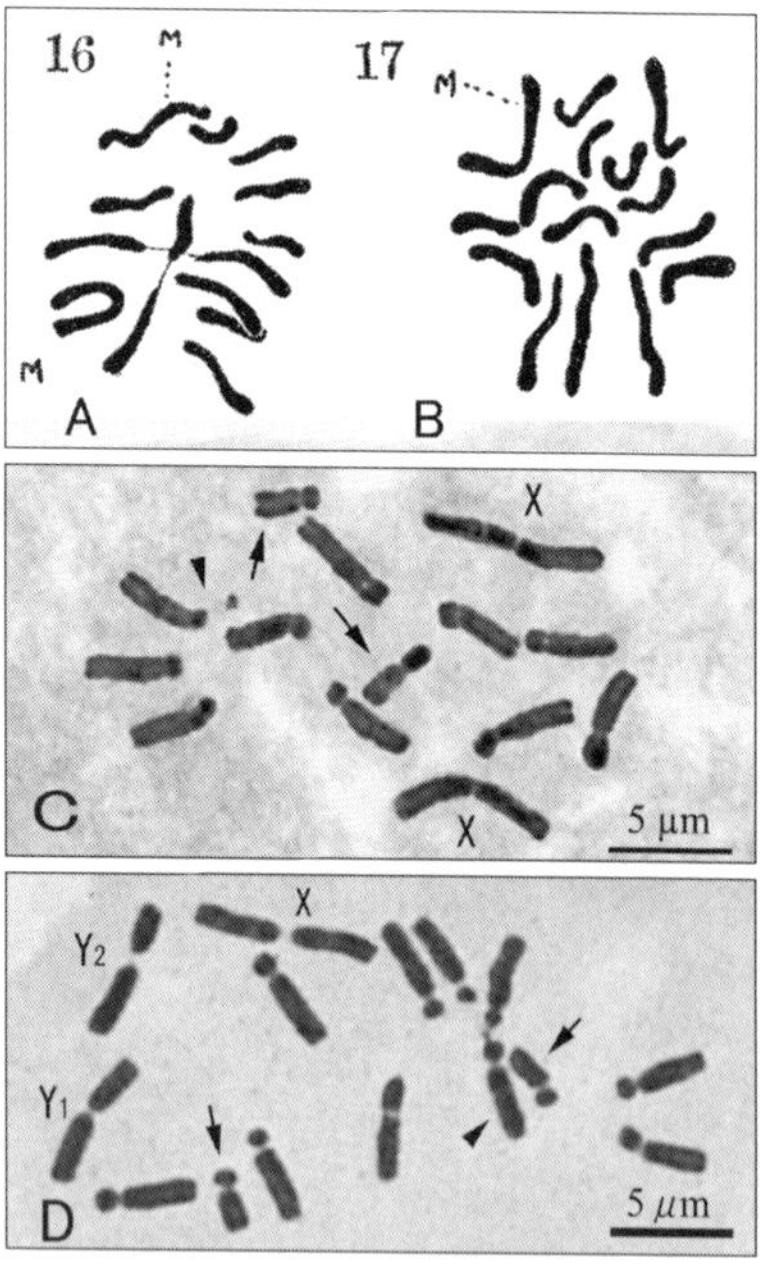

図7　A・Bは図5の16と17（体細胞分裂中期）を拡大表示。C・DはAとBと同じ分裂期の顕微鏡写真
記号MはXに同じ、矢印は最小染色体、くさび印は付随体を持つ染色体

と形態の総体を核型《かくがた》と定義する。

図8を数式化すると、

雄株：$2n = 15 = XY_1Y_2 + 10A + 2a$

雌株：$2n = 14 = XX + 10A + 2a$

となる。

核型研究の初期には、分裂中期の染色体を主な研究対象にした。しかし、研究対象はしだいに広がり、核が示す様態を総合して核型と定義するようになった（Tanaka 1971 の論文が定義を拡張する引き金の一つになった）。

一般に核型は種固有の様態を示すという仮説を背景にして、種の系統分類学的位置づけを考察する際に、証拠の一つに利用される。染色体研究の手法も生物顕微鏡から電子顕微鏡を活用し、さらに分子生物学的手法を適用して核型（染色体）の解析を行うようになった。スイバでは異質染色質部分（DNAの大半が遺伝子として機能していない）が大半を占めるY染色体が、研究者の強い興味を引いた。理由は後述のY染色体の項で述べる。

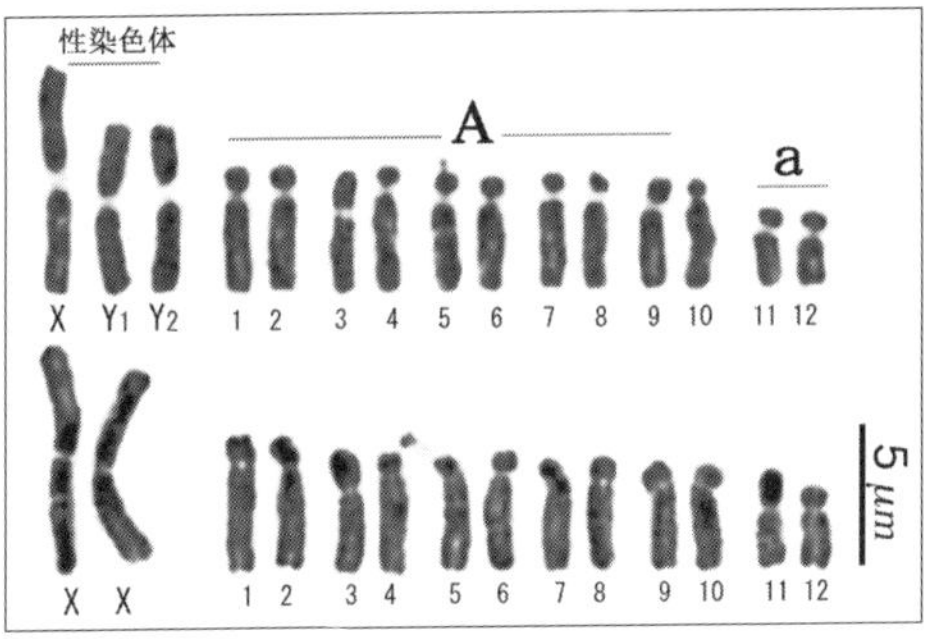

図8　核型（上：雄株、下：雌株）
常染色体はＡ群とａ群に分けられる

初期の核型研究

《パラフィン切片法》

スイバの染色体（分裂中期）は、二個または三個の性染色体と一二個の常染色体で構成されている。常染色体も個体間で形態的な差異がある。核型の初期研究では、常染色体の形態的差異に着目し、スイバの核型を八類型にまとめた。

ところが、染色体を見る方法は、若い根端を固定液で固定（生きたときの形態を保持したままに細胞や組織を殺すこと）後に、油脂（パラフィン）に埋包し、ミクロトーム機で超薄切片をつくる。この切片を染色後、永久標本に仕上げ、顕微鏡で観察する。

図5は、この方法で観察した染色体をスケッチしたものだ。

パラフィン切片法では、染色体を見るまでに多くの手間と時間がかかりすぎ、この方法を使っているかぎり、多数株の野外集団を染色体解析（核型分析）はできない。つまり、植物集団の内部構造を核学的に解析できない。

《押しつぶし法》

次に登場したのが、押しつぶし法である。塩酸処理で細胞膜を柔らかくしておいて、染色液とともにカバーグラスの下で根端細胞を押しつぶす。この方法で染色体を見る手間は、格段に縮小された。

しかし、スイバには難問が待ち受けていた。当時、広く用いられていたカーミンやオルセインといった染色液にスイバの染色体は、ほとんど染まらない。強いて染めると、細胞質までも染まってしまう。これでは、染色体解析ができるような鮮明な写真撮影ができない。木原と小野の論文掲載図がスケッチである理由の一つである。

中期の核型研究

栗田正秀と黒木酉三は、一九六〇年代後半にスイバの染色体をうまく染め出す方法を開発した。写真撮影装置を使って、染色体像の写真記録を正確、かつ迅速にできるようになった。新しい技術で、二人は日本列島の各地から集めた八七六株のスイバの核型を解析した。スイバの核型は株ごとに変異的であり、その変異に地域差が見られることをはじめて明らかにした。

韓国産スイバの染色体

韓国においても、農道や田んぼのあぜ近くにスイバを見ることができた。韓国と日本のスイバの間に、外部形態的な差異は見られない。

韓国産スイバの染色体（核型）研究は、韓国の研究者が行っているのだが、扱った個体数が少ないので、日本列島でのスイバの染色体との比較検討が十分にできない。

図9に、私が韓国産のスイバで観察した染色体の例（雄株と雌株）を示した。韓国産スイバの核型

は、日本産スイバの核型に類似していた。

ヨーロッパのスイバの染色体
——イギリス・スコマー島のスイバ

すでに述べたように、スイバは地球の北半球を、ヨーロッパからアジアにわたって広域に分布している。スイバが地球の北半球で分布圏を拡大していく過程で、遺伝子の担い手である染色体に、何らかの変化を生じたかもしれない。日本列島産スイバの核型は、すでに詳細に調査されている。ヨーロッパ産スイバの核型は、日本産スイバとくらべてどうなのか、日本列島のスイバとの関連で興味が引かれる。

イギリス本島の南西部に近接してスコマー島という小島がある（**図10**）。ツノメドリの繁殖地として知られるが、この島には樹木の分布が見られない。パーカーとウィルビィは、この小島に生えるスイバの多数株についての核型調査をした（**図11**）。

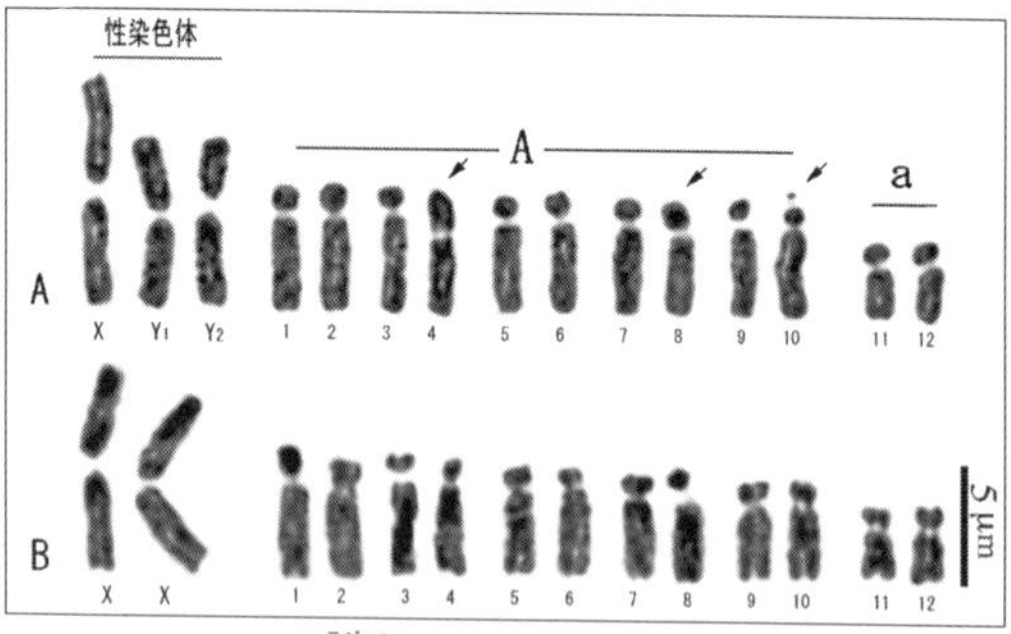

図9　核型　韓国（大田《テジョン》）産スイバ
A：雄株　$2n=15=XY_1Y_2+12$　矢印の染色体組はヘテロ対（異形で対）
B：雌株　$2n=14=XX+12$
最小染色体（a）は雌雄ともにホモ（同形）

彼らは島内の七採集地から二二七株（雄株七一、雌株一五六）を集め、イギリス本島のスイバ集団の核型と比較した。彼らが示した雄株の標準的な核型の一例を転載した（**図11**）。

スコマー島のスイバの核型
①雄株が一つのX染色体と二つのY染色体をもつこと
②常染色体は染色体長で二群（Aとa）に仕分けできること

すなわち、基本的な点で、日本列島や朝鮮半島のスイバ核型に共通した。また、イギリス本島のスイバ集団の核型にも類似していた。結果的に、スイバの核型は基本的な形態で汎世界的であり、細部では個性的だという姿が浮かびあがってきた。

スコマー島で見られた固有の核型（突然変異の保全）やY染色体の高頻度の変異性は、創始者原理（ビン首効果）*で説明が可能だと、研究者たちは解釈した。

*――創始者原理とは、海洋島など母集団から隔離された地

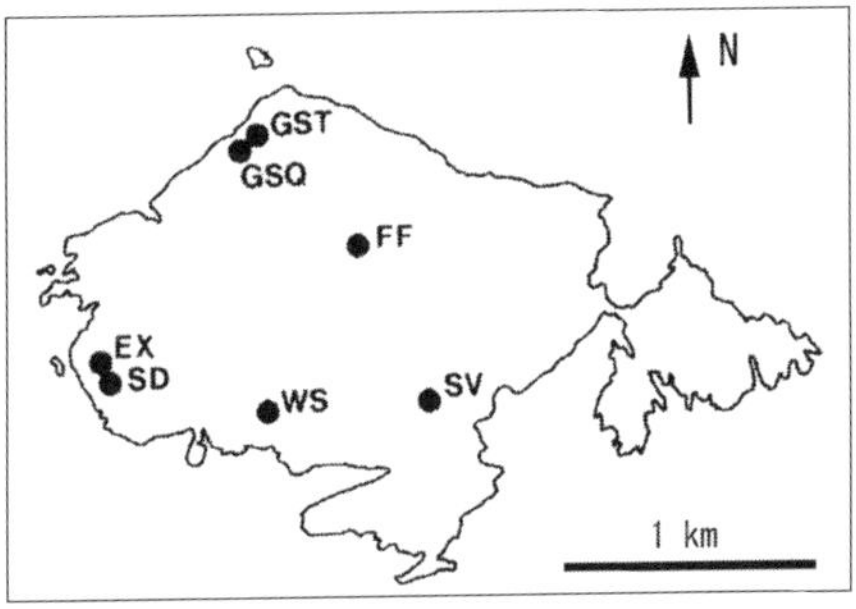

図 10
スコマー島（イギリス南西部）の略図
大西洋ツノメドリの繁殖地として知られる。島内はシダ類優占の草本群落におおわれ、耕作地や樹木は皆無
●がスイバの採集地

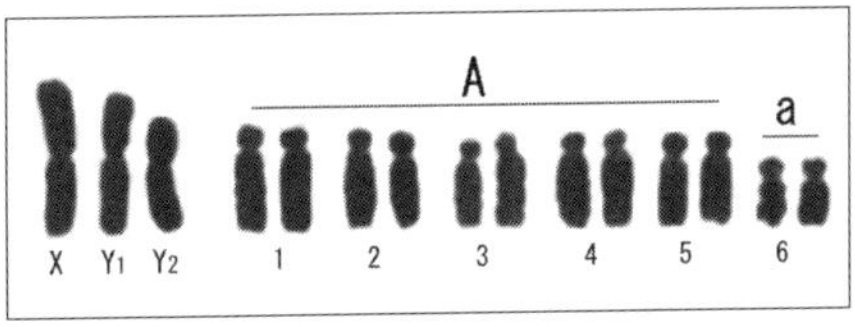

図 11
スコマー島産スイバ（雄株）の核型の１つ
常染色体はＡ群とａ群に分けられる（2 様相性）（Parker and Wilby 1989 より転載）

域に移住し、少数個体から出発した生物集団には、特定の遺伝子（遺伝子群）が高い頻度で見られる現象をいう。ビン首効果とは、ある集団の個体数が急激に減少すると、そのとき生き残った個体群がもつ特定の遺伝子（遺伝子群）が、やがて個体数を回復した新しい集団内に広く見られるようになる現象である。両者はともに、種分化を引き起こす強い引き金になると考えられている。

スイバの性染色体

スイバにはY染色体が二個ある

動物や植物の性表現に関与している、あるいは雌雄で形態を異にする対の染色体を、性染色体と呼ぶ。

オスに関与する性染色体が二種見られるとき、オスのみに見られる性染色体をY、オスとメスで共通的に見られる性染色体をXとする（XY型）。ニワトリのように、メスの性染色体に二種が見られるときは、メスとオスに共通して見られる性染色体をZ、メスのみで見られるものをWとする（ZW型）。

木原と小野が論文を書いた当時は、右記のような取り決めが国際的にはっきりしていなかった。彼らはX染色体をM、二個のY染色体をm_1、m_2と論文に表記している（**図5**）。

スイバにはY染色体が二種ある。どのようにしてY_1とY_2を判別するのだろうか。

Y_1染色体とY_2染色体の判別①

染色体の大きなくびれの位置（一次狭窄：動原体部位）が染色体の中ほど（中部）にあるのがY_1、中ほどから外れているのがY_2とした定義がある。しかし、Y染色体のくびれ位置は個体間で変異する（**図12**）。

Y_1染色体とY_2染色体の判別②

染色体長の長短でY_1とY_2染色体を定義した研究者がいる。しかし、Y_1とY_2が等長な個体も見つかる（**図12**）。

生き物には、完璧という言葉はないようだ。しかし、Y染色体が、**図12**に示すように、くびれの位置（動原体部位）に関して多型だというためには、Y染色体の極性（視覚的にとらえ得る定点）を明らかにしておかなくては、主張することに客観性がない。

Y染色体の異常凝縮

核や染色体は塩基性の色素（酸性の細胞内構造物を染色できる）によく染まる性質がある。

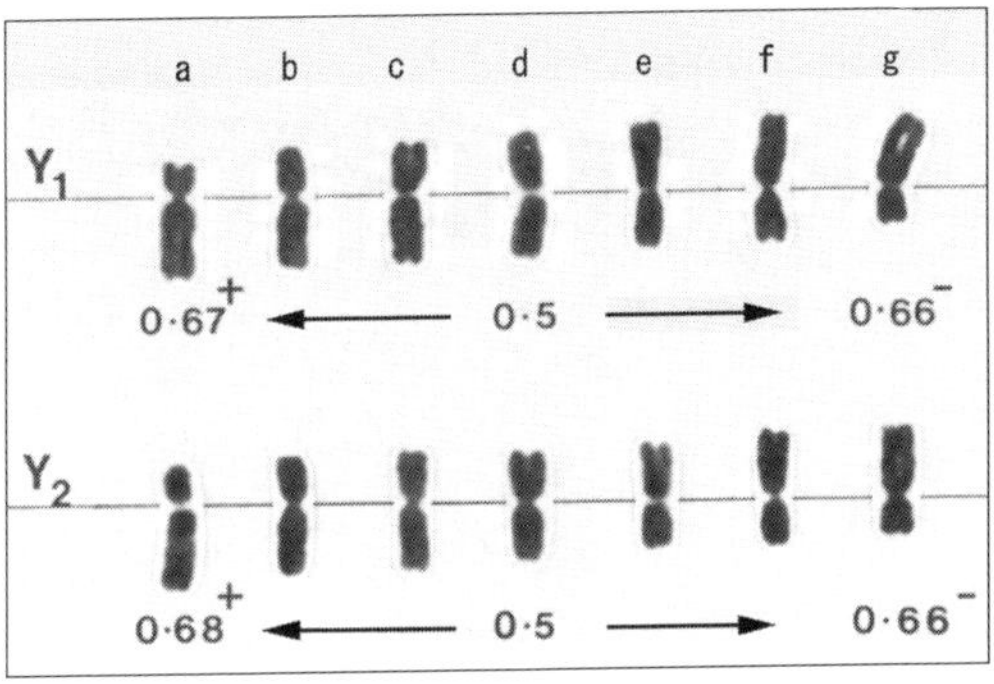

図12　Y染色体（Y_1とY_2）の動原体位置による形態的変異
中部動原体をもつY染色体（d型）を原始型とすれば、変化の流れはd→aであり、d→gは亜流だと考えられる（Wilby and Parker 1986より転載）

ところが、植物の種によっては、染色体が核分裂の初期段階では色素にあまり染まらない。また、ある特定の染色体や特定の部位のみが濃染する現象が見られる。この濃染する部位を異質染色質、淡染部位を真性染色質といって区別する。異質染色質部位は、遺伝子情報が発信されていない（遺伝学的に不活性）部分である。

スイバの二つのY染色体は、細胞分裂の前期で染色体のほぼ全域が濃染する（**図13**、矢印）。遺伝学的にともに不活性なのだ。そして、減数分裂では、染色体の一つの末端部のみでX染色体と接合する（**図14**）。このX染色体と接合するわずかな末端部位（**図15**、矢印）には、異常凝縮が見られない（染色体が淡染している）。つまり、この端部のわずかな部分のみが、遺伝学的にY染色体が活性化している部分（真性染色質構造）だ。

この真性染色質の部位をY染色体上の定点に指定すれば（**図15**、矢印）、Y染色体の極性（定点）を定めることができる。この定点を基準点にして、Y染色体の形態的変異を

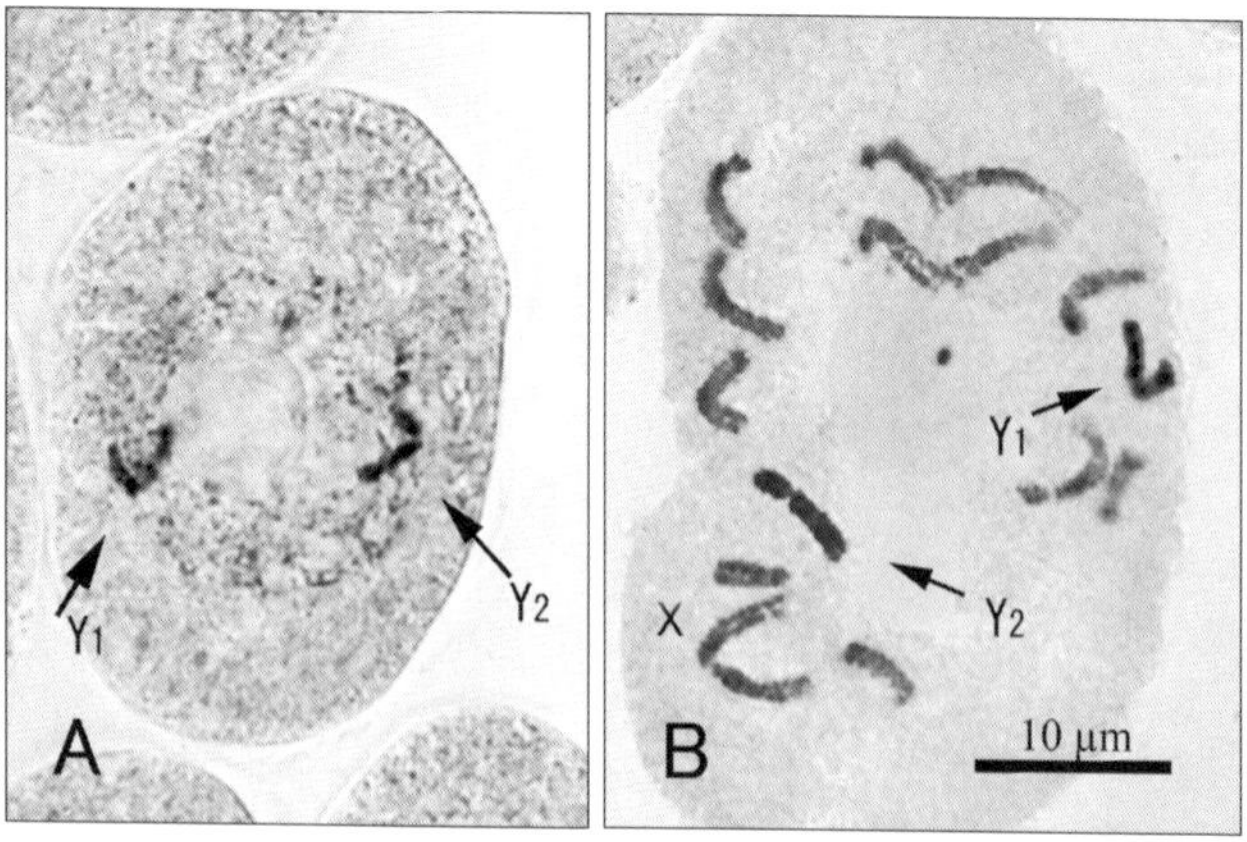

図13 Y染色体（矢印）の異常凝縮。細胞分裂前期でY染色体は濃染

視覚化することで、**図12**に示すようにY染色体の変異を明らかにすることができる。

活性化している動原体（紡錘糸の着糸点）は、染色体上に一つある大きなくびれ部位（一次狭窄：動原体部位）にある。細胞分裂の際に、この動原体部位が先行して二分され、一個の染色体は縦裂して二個になる。

ところが時に、この動原体部位で染色体は二つに横断されることがある。結果的に、動原体をもつ染色体とそれをもたない染色体（断片）とができてしまう。

動原体をもたない断片は、分裂極への移動ができないので、核分裂が終結する際に核外へとり残される。つまり、遺伝子群の一部が核内に入ることができず、遺伝子の一部消失が起こる。消失した遺伝子群の中に生命維持に不可欠な遺伝子が含まれていると、この欠損核をもった細胞は生き残れない。

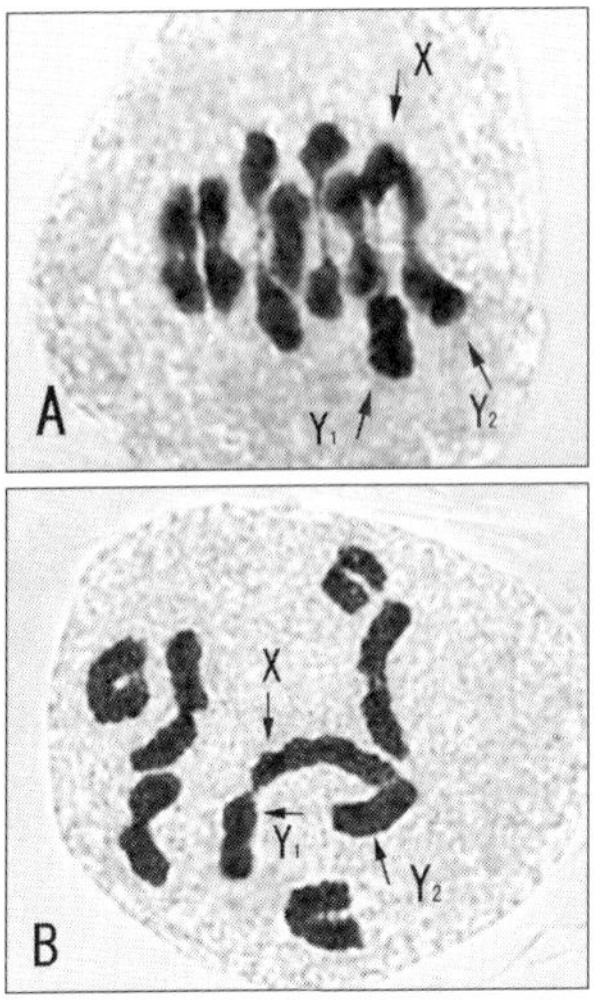

図 14
スイバ雄株の減数分裂中期染色体。分裂期のわずかな進行差で A または B の接合像が得られる

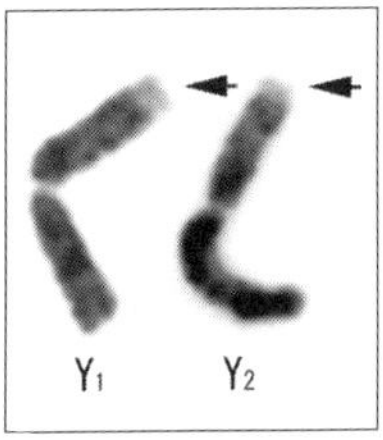

図 15
Y 染色体は X 染色体との接合部位に、微小な真性染色質部位(矢印)をもつ

植物に多く見られる異数体の起源は、次のように説明できる。
①動原体部位（染色体が細胞内を移動することを助ける部位）を失った染色体に「動原体が新生される」
②休止中の「動原体が活性化する」
ここに示した①または②のように説明することはたやすい。しかし、これらを科学のまな板にのせるのは簡単ではない。

Y染色体の形態的多様性

Y染色体の一部がX染色体へ転座

スイバのY染色体は、性の決定に機能していない。それればかりではない。生命維持に不可欠な遺伝子も、Y染色体上には存在していないらしい。

このことが正解だとすると、進化の道程でスイバのY染色体が獲得した形態や質的な変異の多くは、Y染色体上に累積されているはずだ。当然のことながら、スイバが進化の過程で獲得した染色体の構造的な変化を研究するには、Y染色体はまことに都合のよい染色体だ、ということになる。

Y染色体が示す突然変異の例の一つに、Y染色体の一部がX染色体へ転座している事例をあげることができる。日本産スイバ雌株での観察事例を**図16**（矢印）に示した。

パーカーらも、Y染色体の一部（異質染色質）がX染色体の末端部へ転座している例を、スコマー島のスイバで見ている。地理的に隔離されたイギリスのスイバ（雌株）と日本列島のスイバ（雌株）の両株で、まったく類似した染色体の形態的変化（転座）を見ることができた。この転座の事例は、地域性とは無関係に、Y染色体とX染色体との間で起きている変化事例の一つだと見てよい。

生化学的識別

Y染色体は、**図13**（矢印）に示すように、染色体の全域が遺伝学的に不活性である。ところが、X染色体は不活性部分をもたないので、細胞分裂前期では、染色体の全域が淡染する（**図13**B）。

さらに、多数の雌株（Y染色体をもたない）について、その体細胞を観察していると、静止期の核に一個

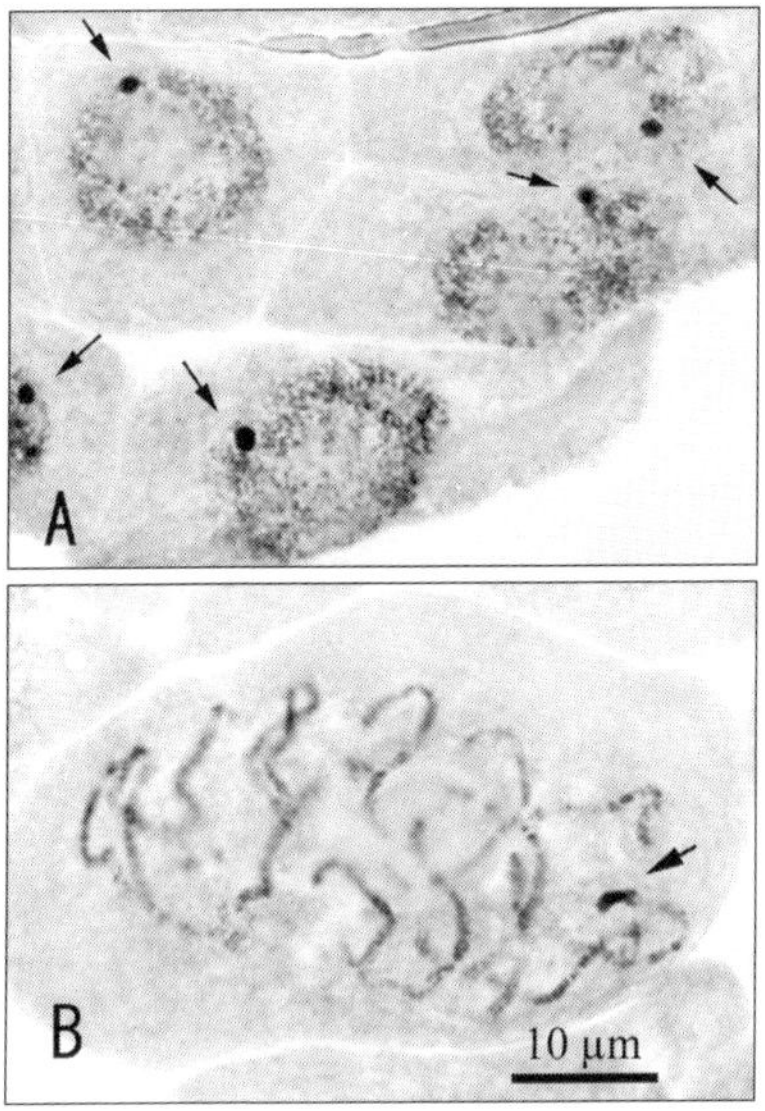

図16　スイバ雌株の異常凝縮塊
A：1個の凝縮塊（矢印）をもつ核
B：体細胞分裂前期、X染色体末端部位が濃染（矢印）。この凝縮塊は、Y染色体の一部がX染色体の末端部へ転座したものである

の異常凝縮塊をもったスイバ株（**図16**A、矢印）を見つけることができた。この凝縮塊はX染色体の末端部分に位置していた（**図16**B、矢印）。Y染色体の一部がX染色体の末端へ転座したものだ。

分子生物学的識別①

CバンドやDバンドと呼ばれる染色法で染めると、Y染色体がポジティブに反応する。こうした染色反応のほかに、FISH法と呼ばれる分子細胞学的な染色法がある。その方法だと、ある特定のDNA断片（プローブ：消息子）を染色体に結合させ、染色体の特定部位を視覚的に探査することができる。

分子生物学的識別②

二個のY染色体（Y_1とY_2）は異常凝縮の有無で視覚的に、X染色体や常染色体から容易に識別できる。ところが、Y_1とY_2染色体とをたがいに分別しようとすると、容易ではない。二つのY染色体の動原体位置は前述のように可変的で、染色体長も固定的ではないからだ（**図12**）。

柴田洋《ふかし》らはY染色体を構成する特定の反復DNA部位から二種のプローブを作成（Shibata *et al.* 1999）、このプローブを用いてY_1とY_2染色体の解析を分子細胞学的手法で行った（Shibata *et al.* 2000）（**図17**）。その結果、Y_1とY_2染色体の発色バンドを、二対の常染色体上にも見ることができた。

ギシギシ属植物には現在、性染色体がXX-XY型（例：タカネスイバ）とXX-XY$_1$Y$_2$型（例：

スイバ）の二種のあることが確認されている。こうした性染色体の分化過程は、分子生物学的成果をもとにして整理すると、次のように考えられる。

第一段階：ギシギシ属植物の祖先植物は、$2n=14$染色体の相同対の一つ〝X－X〟対合をもっていた。何かの要因で、X－X間での相互転座ができなくなり、二染色体間での遺伝子交換ができなくなった。

第二段階：X－X対合の一方のX染色体に形態的、かつ遺伝子レベルの変化が生じ、X－XはX－Y対合に変化した。

第三段階：X－Y対合のY染色体の動原体部位で切断が起こり、Y染色体は動原体近くでY_1とY_2に二分されたが、動原体の本体は二分されることはなかった（機能変化しなかった）。このため、Y_1とY_2の両染色体は、X－Y対合のときと同じように、ともにX染色体に対合し（**図14**B）、Y_1とY_2はそろって同じ極へと移動する（**図14**A）。

Y_1とY_2染色体の反復DNAの一部からプローブを作成

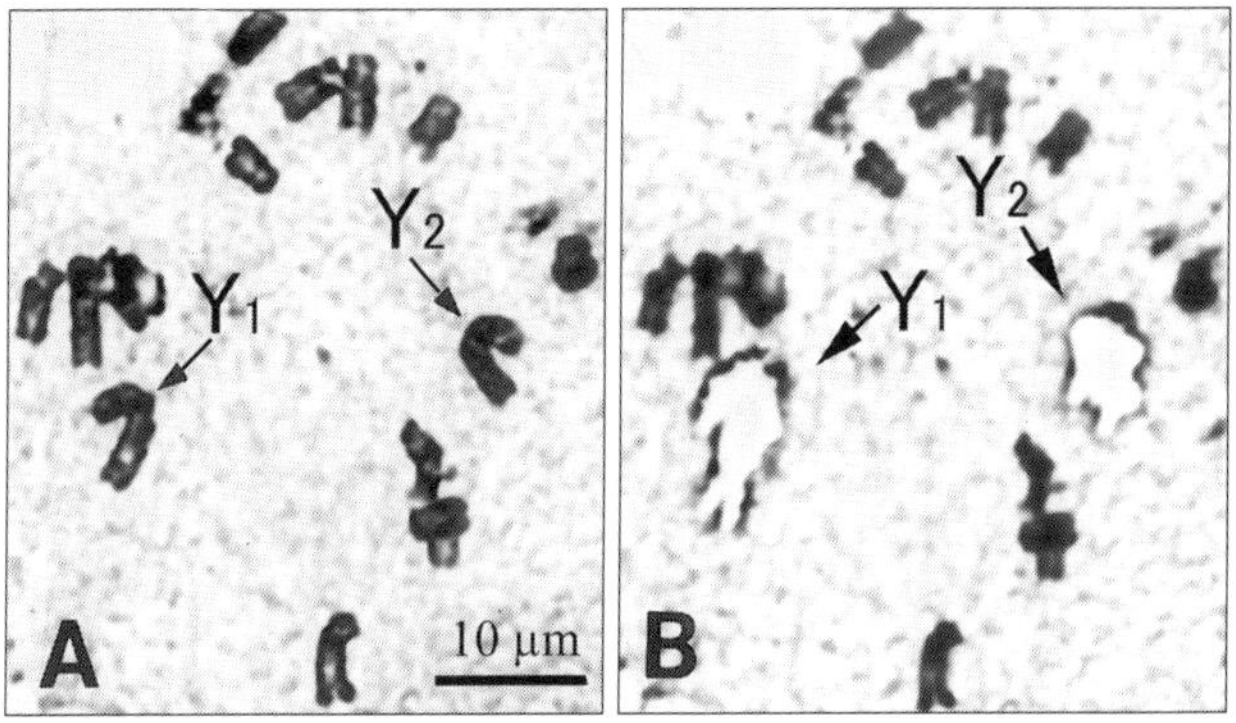

図17　スイバ（雄株）のY染色体解析に必要なプライマー（短いDNA断片）を抽出するため、細胞分裂中期の根端細胞からY_1とY_2染色体（矢印）を摘出した証拠写真。BからはY_1とY_2染色体が消えている（Shibata *et al.* 1999より転載）

コラム

……「科学的」という言葉の魔術
——染色体の観察技術を例にして

生物学の研究は裸眼で生物を識別することから、顕微鏡（光学的、電子工学的）のような物理的手法、さらには組織を染める化学的手法など、生物体が発信する情報を収集する手法は多岐に広がった。結果的に、一つの生物種から得られる情報量は格段に多くなった。

しかし情報収集の手法が多岐にわたるほど、科学者の人為が介入する余地も多くなる。それにもかかわらず、われわれは「科学的」という言葉に、テレビの時代劇「水戸黄門」の助さんが悪人どもに差し示す「葵の御紋」的魔力を与えてしまう。

「科学的」という言葉には、常に要注意である。

科学にマジックが混入するというわかりやすい例を、スイバの話に関連して一つ提示しよう。

染色体像は、ふつうには本文の**図6**C・Dや**図8**、**図9**で示される。こうした染色体の像が何回も反復して提示されていると、私たちは染色体とはこんな形のものだと、思いこむ。

左図のA〜Iは、スイバ雄株の根端細胞が分裂していく過程を、染色体の形態に焦点化して示した顕微鏡写真である（著者原図）。

細胞分裂は、まず核が分裂し、続いて核を取り巻く細胞質が分裂する。染色体は、核が分裂するときに見られる。D（極面観）とE（側面観）は核分裂中期、つまり本文の**図7**のCとDと同じ分裂期のものである。

ところが、どうしてこうも、コラムの染色体像と本文の染色体像とは形態が違うのだろう。

じつは、コラムの図に示された染色体は自然な形態の染色体像である。一般に染色体として紹介されている本文の**図7**のCとD、**図9**の染色体像は、人工的に変形させた、端的に言えば加工産物である。

このような染色体は自然界には、ふつうには存在しない。しかし、研究者はこれを染色体だとして、一般に紹介する。

本文の**図7**のCとDの染色体は、コルヒチン（イヌサフランから採取した神経毒。痛風の痛みの緩和薬として処方される）という薬品で細胞を一定時間処理した後に見ることができる。つまり、薬品による加工像だ。

加工像ではあるが、薬品の希釈濃度、処理液温度、処理時間を正確に維持すれば、この加工像は「再現性が非常に高い」ことが研究者の間で認められている。

自然科学の研究で一番大切なことは、「再現性がある」ということだ。これは、誰がやっても追試が可能ということでもある。再現性が高いということを、研究者どうしが認め合った結果として、本文**図7**のCとDの加工像を染色体像として一般に扱っているにすぎない。

木原や小野がスイバの染色体を研究した当時は、コルヒチン処理という技術が開発されていなかった。彼らが描いた染色体像（本文**図5**）は、ここで示したのと同じ無処理の染色体像である。

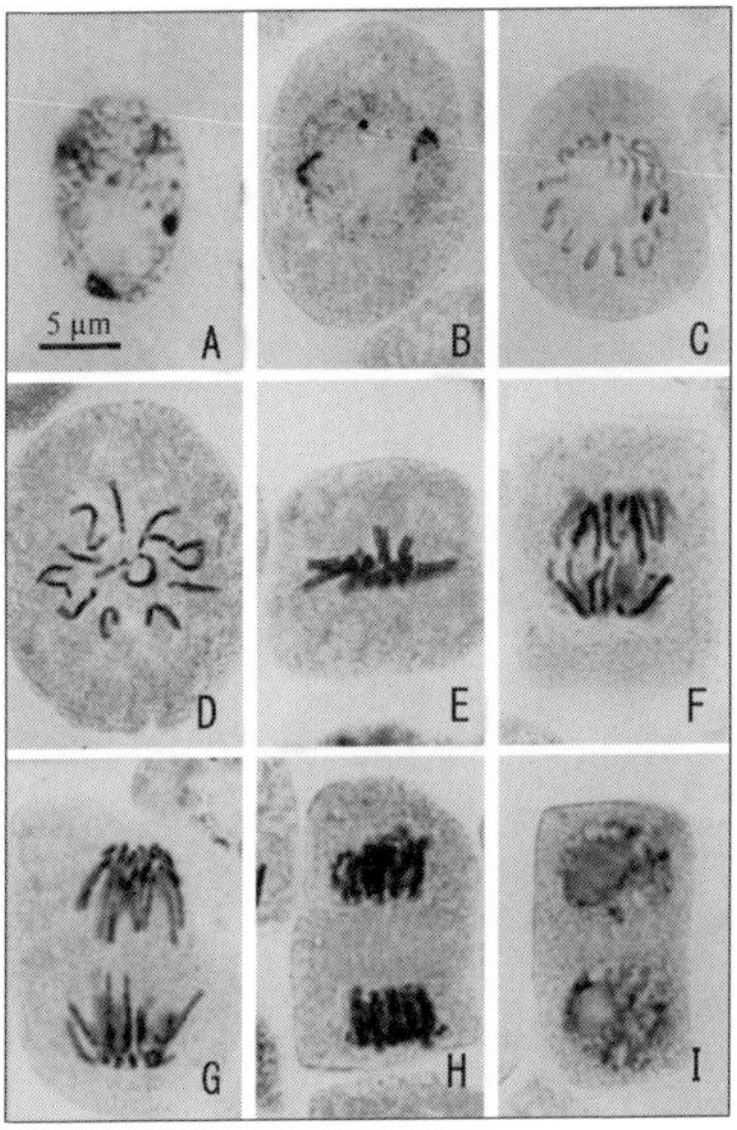

スイバの雄株の根端細胞が分裂していく過程

するためには、二つのY染色体（Y_1とY_2）を、細胞学的プレパラートから取り出すという精緻な機械的作業が必要である。**図17**は、その貴重な証拠写真である。

植物の性――スイバを例にして

植物も動物も、オスの間でメスの獲得合戦をする。セイウチのコロニーでは、強いオスが多くのメスを従えて、大きなハレムをつくる。タンポポは多くの花粉を放出し、できるだけ多くのめしべに自分の花粉がたどりつくチャンスを競う。特定の種類の昆虫を魅了して、訪花昆虫に花粉を届けさせるばかりか、ラン科植物のように受粉までも手伝わせる植物もある。

風媒花のスギは、早春に大量の花粉を空中に放出する。風のない天気のよい日は、ちょっとの風で煙がわき立つように、スギ林から花粉が放出されるのが見える。花粉症の体験のない私は、この光景を見るたびに、スギ林からわき出る命の脈動を全身に感じてしまう。

スイバも風媒花である。四月下旬から五月上旬（四国・中国地方）の風のない穏やかな日には、雄株から絹糸を垂れたように花粉がこぼれ出ているのが見られる。

スイバは雌株が多い

日本国の総人口は約一億二七〇八万人、男六一八〇万人、女六五二八万人（二〇一四年一〇月、総務省統計局）、男女比はほぼ一対一である。しかし、年齢別に性比をくらべると、別の結果が得られる。四〇代までは男性の比率が高い。四〇代になって男女比は一対一。性比は年齢によって異なり、八〇代では女性が圧倒的に多くなる。

野外でスイバの群生を見て歩くと、雌スイバが多いことに気づく（**扉図**）。

木原と小野は、スイバの性比（京都および仙台）は平均二・六（雄株の出現率二八・二七％、供試個体三七八八株）を観察した。日本列島での最も古いスイバの性比報告である。

スイバの性比を調べる――松山（愛媛県）・高知（高知県）・鳥取（鳥取県）

松山市（愛媛県・瀬戸内海側）およびその近郊のあわせて六一地点、約五九〇〇株についてのスイバの性比を調べた（一九七七年五月中旬）。

調査地の生育環境は、水田のあぜ、農道側壁、畑、果樹園、道路法面、空き地などさまざまだ。調査地によって性比（雌株数／雄株数）は異なり、〇・七～一五・七が見られた（平均二・七）。

スイバの開花期であっても、スイバ集団内にはさまざまな生育段階の株が混生する。開花株の目視での性比調査では、日時を変えれば集団の性比は変化する。

松山市での調査とほぼ同時期（一九七九年五月中旬）の調査では、鳥取市で〇・九～一〇・八（平

表1　スイバの性比（鳥取県東部）

場所		1990年			1991年			1992年		
			株数	性比		株数	性比		株数	性比
草地	山すそ	♀	4,117	1.73	♀	3,577	1.67	♀	2,935	1.68
		♂	2,381	1	♂	2,139	1	♂	1,745	1
	平地	♀	7,660	1.66	♀	6,029	1.65	♀	3,388	1.57
		♂	4,610	1	♂	3,652	1	♂	2,157	1
農地	あぜ（水田）	♀	657	2.07	♀	472	2.04			
		♂	317	1	♂	231	1			
	農道（法面）							♀	5,320	2.20
								♂	2,423	1
海岸砂丘	鳥取砂丘							♀	2,882	3.22
								♂	894	1

均三・一）、高知市で三・一〜五・五（平均三・五）だった。いずれも、雌株が多い。

調査地での性比は安定しているか

スイバは多年草である。この形質を重視すれば、スイバ集団の性比は、かなり長期にわたって安定しているはずだ。しかし一方で、種子繁殖をするという点を重視すれば、可変的（不安定）な要素もある。どちらが集団構成で優先されているのだろう。

また、生態学的な環境圧（スイバ群落の植物種や個体密度、土壌条件など）は、スイバ集団の性比にどんな影響を与えているのだろう。こうしたことを確認するために、スイバの大きな集団（一〇〇〇株以上。小さい集団では、除草や路面補修といった人的影響を受けやすい）での性比を三年間にわたって定点調査した（**表1**）。

結論的に、環境圧が安定している群落（構成種の変動が少ない群落：**表1**の草地）では、スイバ集団の性比は安定的で一・五〜一・七と、雌株の比率が低い。

ところが、定期的に人的攪乱のある水田のあぜや農道の法面では、雌株比が高く（二・〇〜一一・二）、さらに、海岸からの飛砂にさらされる海岸砂丘植生では、性比は三・二と高い値を示した。

ヨーロッパでもスイバ集団は雌株が多い

ヨーロッパでも雌株が多く、雌株と雄株の割合はおおむね三対一である。スイバ集団で雌株が多いのは汎世界的だ。雌雄の比が三対一くらいが、最も効率的な種子生産につながるのかもしれない。

コレンスの仮説——競争受精

コレンスの仮説とは

スイバ集団に雌株が多いのは、前述した以外にもそれなりの成因（原因）があるからだろう。コレンス*は、その成因を探った。古い話だが、それを簡単に見てみよう。

スイバに雌株が多いのは、メスを決定する花粉がオス決定の花粉より受精のチャンスが多いからという仮説をコレンスは提案した。この話は、高校の教科書に紹介されたこともある。

すなわち、雌花の柱頭へついた花粉は、発芽して花粉管をのばす。花粉管を早くのばし、雄核を少しでも早く卵子へ送り届けた花粉が、受精のチャンスをもてる。メス決定の遺伝子をもった花粉管がオス決定のそれより早く卵核に届けば、結果的にスイバ集団では雌株が多くなる。これがコレンスの仮説である。

＊――Carl. Erich. Correns（1864–1933）。ドイツの植物遺伝学者で、メンデルの法則の再発見者の一人。

コレンスの行った検証実験

受精競争の仮説を検証する実験を、コレンスは行った。少量の花粉を受粉させて得た種子からの個体群と大量受粉からの個体群とを設け、両群の性比をくらべた。

実験結果はどうだったのか？

理論的には、少量受粉のめしべでは、花粉間の受精競争は緩和されるはずだ。花粉管の伸長の遅い（仮定）オス決定花粉も、受精のチャンスを十分にもてる（予見）。したがって、少量受粉で得た種子からの個体群では、オス個体が多くなる（仮説）。結果は、雄株三〇・八七％（検証結果）。

大量受粉の個体群ではどうか？

受精競争は峻烈《しゅんれつ》になり、メス決定花粉に受精のチャンスが多くなるはずだ。予測通りに、メス個体が圧倒的に多かった（雌株：九一・〇八％、雄株：八・九二％）。

コレンスの実験（検証）の結果は、競争受精の仮説を納得させるものとして、日本の生物の教科書に広く紹介された。しかし、コレンスの実験には疑問が残る。播種した種子のすべてが発芽したのか。もう一つは、発芽した個体の性をどのようにして判定したのか、の二点だ。

コレンスの実験を追試する――少量受粉と大量受粉

益岡明子らは右記二点の疑問を前提にして、コレンスの実験の追試を日本のスイバで実施している。少量受粉と大量受粉との間で、スイバ個体群の性比に違いが見られるのか。追試での雌雄判定を、次の二つ（AとB）の方法で行った。

〈A実験区〉花器で雌雄判定：人工受粉で得た種子を播種。開花を待って、雌雄を判定する。
問題点：種子がすべて発芽し、実生のすべてが開花するとは限らない。判定に二年以上を要する。
〈B実験区〉性染色体で雌雄を判定：種子が発芽した時点で、発芽個体の性を染色体により判定する。
問題点：発芽しない種子の性別判定は不能。*

＊――SCARマーカーを使えば、胚の雌雄判定ができる。例えば、性染色体のDNA分子の塩基配列の一部をマーカーに使用して、胚の雌雄判定をする。染色体法とともに、コレンスの時代には試みることのできなかった新しい技法である。

追試の結果

〈A実験区〉
大量受粉：受粉で得た種子一〇七七粒を播種（発芽率八二％）、発芽苗の六六％が開花、性別が判

表2 コレンスの実験の追試（1990〜1992年）

年・季		花器による判定（A区）		染色体による判定（B区）	
		少量受粉	大量受粉	少量受粉	大量受粉
1990	春・採種	1026	1077	120	120
	秋・発芽 性比	881（85.9%） —	880（81.7%） —	93（77.5%） ♀：♂＝1：1	82（68.3%） ♀：♂＝2.4：1
1991	春・出穂 性比	23（2.6%） ♀：♂＝3.6：1	10（1.1%） ♀：♂＝10：0	—	—
1992	春・出穂 性比	381（43.2%） ♀：♂＝2.1：1	572（65.0%） ♀：♂＝2.6：1	—	—

定できた（♀対♂＝二・六対一）。しかし播いた種子の四六％が開花しない。

野生植物の種子はいっせいに一〇〇％の発芽はしない。何％かの種子は土中に残る。

少量受粉：一〇二六粒の八六％が発芽、このうちの四六％が開花した。性比は（♀対♂＝二・一対一）であった（**表2**）。

どちらの受粉の仕方をしても、開花個体には雌株が多い。発芽から開花までの生育期間中に、メス個体が生き残る確率が高い。

この検証からは、〝メス花粉管の伸長が早い〟という仮説は肯定も否定もできない。

〈B実験区〉

種子の発芽直後に根端細胞で染色体を使って性比の判定をした。

少量受粉での性比はほぼ（一対一）、大量受粉では（二・四対一）であった。

コレンスが提唱した〝競争受精〟の可能性は肯定できる（**表2**参照）。

スイバの生育環境で集団内の性比は変わる

スイバの発芽初年は、ほとんどの個体が開花しない。二年目以後で株は大きくなり、花軸の複数本が数えられる株になる。スイバの自然集団内には、開花シーズンになっても花をつけない若い株が多く見られる。こうした若い個体群の性も、染色体検査法やSCARマーカー法を用いれば性判定ができ、性比の調査が可能である。

農道法面での調査

結果は次の通りである。

T－1集団（個体数＝445）　環境：海岸砂丘地の農道
成熟個体（N＝391）　性比＝四・三対一
未成熟個体（N＝54）　性比＝一・八対一
T－2集団（個体数＝520）　環境：内陸丘陵地の農道
成熟個体（N＝400）　性比＝二・五対一
未成熟個体（N＝120）　性比＝二・九対一

内陸（T-2集団）の個体群では、成熟個体群と未成熟個体群との間で性比に違いは見られない。しかし、海岸砂丘の個体群（T-1集団）では成熟個体群で雌株比が高かった。〝染色体で性を判定〟という方法で調べてみると、環境圧（海岸砂丘と内陸丘陵）に対して雌雄で異なる反応をしていることがわかった。

草地、農地、海岸砂丘の三集団間で性比を比較

結果は**表1**に示した。

スイバ集団の性比は草地、農地、海岸砂丘の順に、メス個体の比率が高くなっていた。スイバの性比決定は、一次的には雌雄花粉の競争受精、二次的には種子発芽以後の生育環境圧が性比の決定に関与しているらしい。

最近の数理生態学の解釈では、自然淘汰や適応は種全体の繁栄のためということではなく、自分自身の子孫を増やす方向へと働くのだという（利己的戦略）。スイバの性比の問題は、頻度依存淘汰の代表例として見ることもできる。子孫を残し難い環境で生きるためには、まずはメスを多産する個体を突然変異でつくり出す（競争受精の成立）。続いて、その変異個体を維持し、個体数を増やしていく（選択淘汰）。結果的に、メスを多産する遺伝子をもった個体群が集団内に累積され、変異集積が起こる、と説明できる。

スイバと同じように不安定要素の多い環境（畑や砂地）に生えるヒメスイバ（*R. acetosella* L.）では、

スイバで見たように、雌株が多い。

スイバの性表現は、性染色体と常染色体との共同作業

性染色体の分化において、スイバは最も進化した段階にある植物の一つだ。これから見ていく染色体による性決定の話は、前述したスイバの野外集団での性比決定とは別次元の話である。

染色体から見たスイバの性決定

図8に示したスイバの染色体構成を模式的に示せば、

オス　$2n = 15 = XY_1Y_2 + 10A + 2a$（Aとａ：常染色体）

メス　$2n = 14 = XX + 10A + 2a$

雄株は性染色体がX、Y_1、Y_2の三個、雌株はXXの二個である。この事実から判断すると、X染色体は雌性を、Y染色体はX染色体の雌性決定力を抑えて雄性を決定、と説明できる。ところが、実際はそうではない。

Y染色体は遺伝学的にはまったくログー（無能）で、雄性の決定に何ら関与していない。雄性の決定能力は、一二個の常染色体（Aとａ）に分散して存在する。

したがって、スイバの性は、〝雌性はX染色体で決定、雄性は常染色体のオス決定力とX染色体のメス決定力との力関係で決まる〟。

このことは、スイバの間性（雄性と雌性の中間性）（例：**図19**）を染色体レベルで研究していてわかってきた。

では、雌性を決定するX染色体と、雄性を決定する常染色体との力関係とは？

表3に、両方の力関係をまとめた。Y染色体は**表3**から省略してある。

表3の見方を少し説明すると、

雌雄共通の常染色体（**図8**）の表記は、

$10A+2a=2(5A+a)=2A'$

となる。したがって、**表3**に示したように、

雌株の染色体構成は　$2X+2A'$

雄株は　XY_1Y_2+2A'

と書ける。

たくさんの間性や倍数体のスイバの染色体構成を調べていくうちに、スイバの性表現について次のようなことがわかってきた。

例えば、$2X+2A'$　$2X+Y+2A'$　$2X+2Y+2A'$はすべて雌性。

Y染色体に雄性要素を含むのなら、2X＋Y＋2A'と2X＋2Y＋2A'の性はオスとなるはずである。また、後者はY染色体が二個なのでオス化はいっそう促されてよい。ところが実際は、ともにメスだ。

次の二つの式を、くらべてみよう。

2X＋2Y＋2A'（メス）

2X＋2Y＋4A'（オス）

両者の性染色体組はともに「2X＋2Y」だ。ところが、前者はメス、後者はオスである。

A'染色体に注目すると、前者は2A'、後者は4A'。すなわち、A'染色体が後者は倍加して、「性はオス。X染色体は雌性、A'染色体は雄性決定」と考えれば、右記の雌雄決定の説明がはっきりする。XとA'の比（X/A'）がスイバの性を決定する。

まとめると、X/A'の比が、

〇・五〇より小さい　オス

〇・五～一・〇　間性

一・〇〇より大きい　メス

表3　スイバの染色体組み合せと性表現（小野1963より転載）

染色体組み合せ	X/A' 値	性　型
X + 3A'	0.33	♂
X + 2A'	0.50	
2X + 4A'	0.50	
2X + 3A'	0.67	±
4X + 6A'	0.67	
3X + 4A'	0.75	
6X + 7A'	0.86	
2X + 2A'	1.00	♀
3X + 3A'	1.00	
4X + 4A'	1.00	
5X + 5A'	1.00	

±：間性

野外で見る間性個体

スイバの自然集団から、いろいろなレベルの間性個体が見つかる（**図18**）。彼らの染色体構成はさまざまだ。$2n=22=XXY_1Y_2+3A'$の例を**図19**に示した。この例では、X/A'=0.67となり、X/A'値は〇・五〜一・〇の範囲にある。山本幸平や小野が提案した**表3**の仮説は、スイバの間性の研究によって、その妥当性が確認できた。

性決定に関与する遺伝子は、Y染色体には存在しないのか。これまで、Y染色体は性の決定にログー（無用の長物）だと書いてきた。ほんとうにそうなのか。

パーカーらは、Y染色体はスイバ雄の減数分裂の正常な展開に必要だという。すなわち、Y染色体は、減数分裂の正常な展開を維持するという細胞学的現象を通じて、雄性の維持に貢献している、という意見だ。

ここで気分転換をかねて、野外でスイバの葉や花を観察してみよう。葉の観察は三〜四月、花や穂は五月が適期である（中国地方以西）。

田舎のあぜ道でスイバを見る——種分化的な見方

スイバは、私たちの身近な場所で、どこにいても出会うことができる雑草の一つなのだが、樹木が

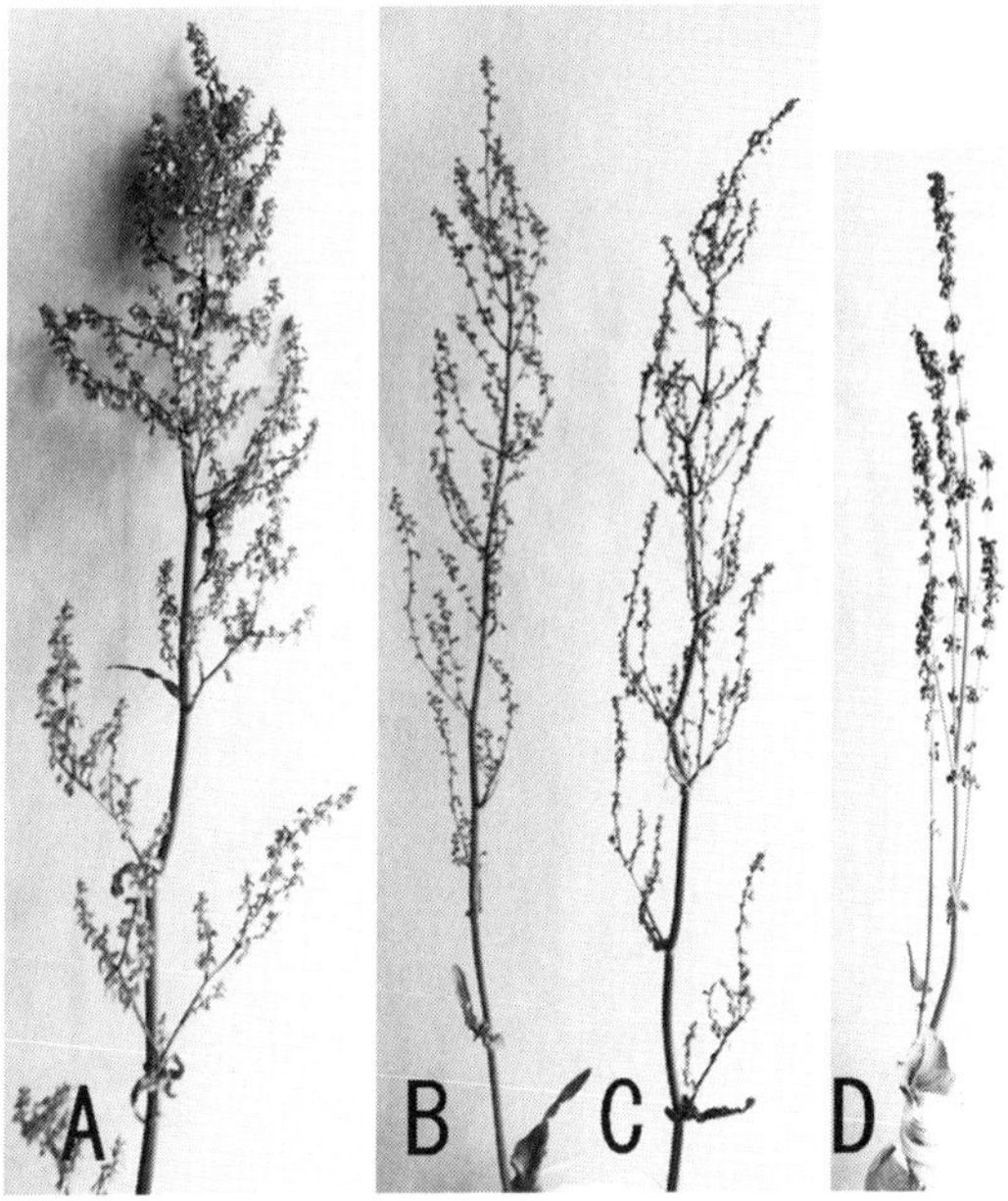

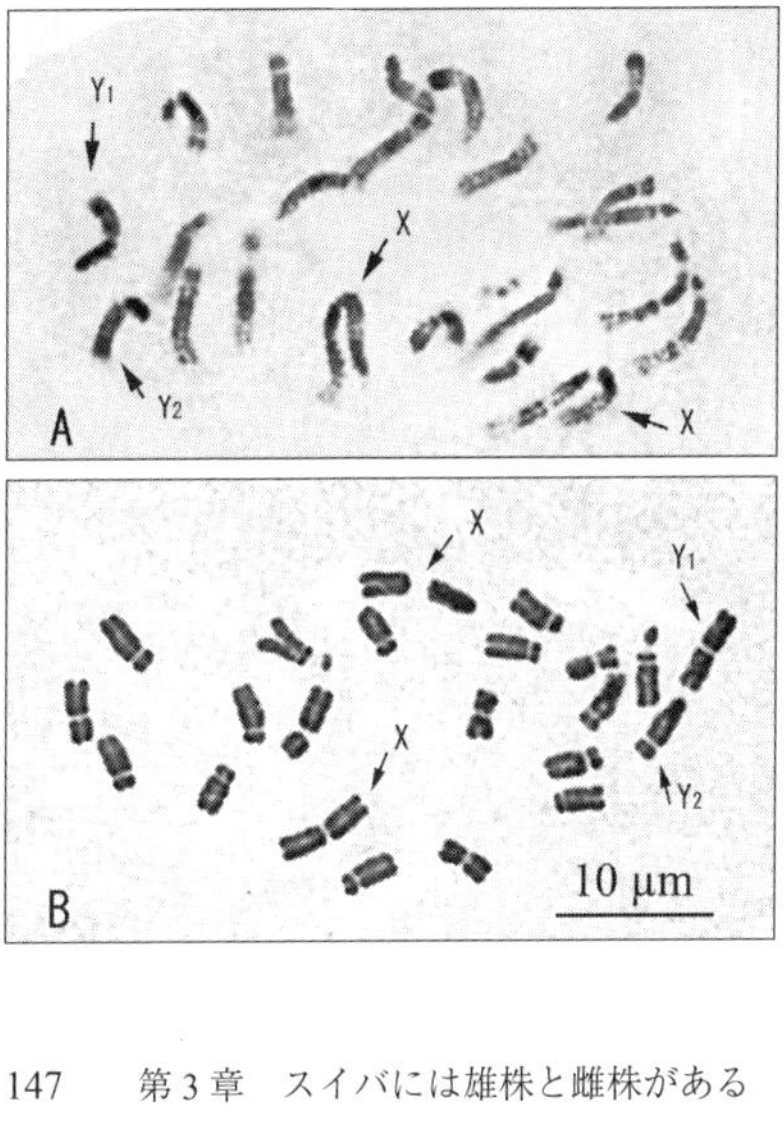

図 18（上）
スイバの間性個体
A：正常な雌株
B〜C：不完全な雌性株（間性）
D：不完全な雄性株（間性）

図 19（左）
間性スイバの体細胞染色体組の 1 例：$2n = XXY_1Y_2 + 18$
矢印は性染色体
A：分裂中期（B）に入る前の染色体、Y 染色体のみが濃染される
B：分裂中期の染色体
A と B は同一個体の染色体像

茂る山地の林内には生えない。

日本の高山には、スイバに近縁なタカネスイバが生える。タカネスイバはやや小型だが、その外部形態はスイバによく似ている。染色体（核型）はメス $2n=14=XX+12$　オス $2n=15=XY_1Y_2+12$ で、染色体もスイバに似ている。この二種は遠い過去に、北方系の共通祖先植物（周極植物）から分岐した、と考えられている。

タカネスイバの祖先たちは、日本列島が大陸と陸続きであった時代（地球の寒冷期：第四紀）に日本列島へやって来た。そして、地球の温暖化とともに、北海道や本州の冷涼な高山へと逃避した。

スイバは秋に葉を広げ、冬に株を大きくし、晩春から初夏に開花・結実する。夏期に、地上部は枯れる。こうしたスイバの生活史に、周極植物の名残をとどめる。スイバは人間が自然を壊すことで生じた草地に生きることを選択した草本たちの一つだ（**扉図**）。

人が農業を始めることで草地が広がると、野草のある者たちは雑草（荒地植物）としての生きる道を選択し、こうした荒地へ侵入して生きた。日本の雑草の起源を考察するうえでも大切な植物の一つが、このスイバたちである。

スイバのことを深く知れば知るほどに、なぜ、そうまでして人間に寄りそって生きようとするのかと、人間社会からは雑草として排除されながら生きる彼らがいとおしくなってくる。

田舎の環境が都会化するにつれて、スイバに出会うことの難しい地域も出はじめた。「環境を整備する」という「やさしい言葉」で表現される自然環境の人的改変、端的にいえば生態系の改変が日常茶飯事的になってきた。かつて、スイバは人的に壊された人里や農地の環境の中で元気に生きた。スイバがそうした場所に生えることで、人による自然環境への負荷が緩和されていた。スイバたちは、

コラム

スイバの穂や葉を観察しよう

葉（根出葉《こんしゅつよう》）の観察（上図）

スイバの根出葉の形態は、個体（株）間で変化に

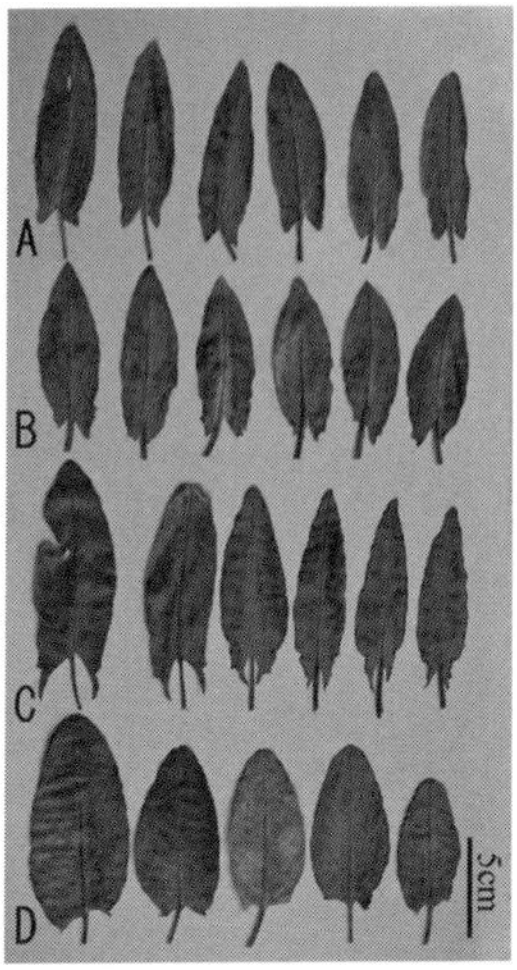

富んでいる。**図**のD型は株数が少なく、AやBは比較的多い。みなさんの地方では、どのような葉形のものが、どんな頻度で見られるだろうか。葉形に地域差があるのだろうか。

穂の色の観察（下図）

穂の色はA（赤）がふつうで、D（黄白）は少ない。

AとDの中間色（BやC）も見られる。中間色（親株）の次代は、どんな穂色を示すのだろうか。

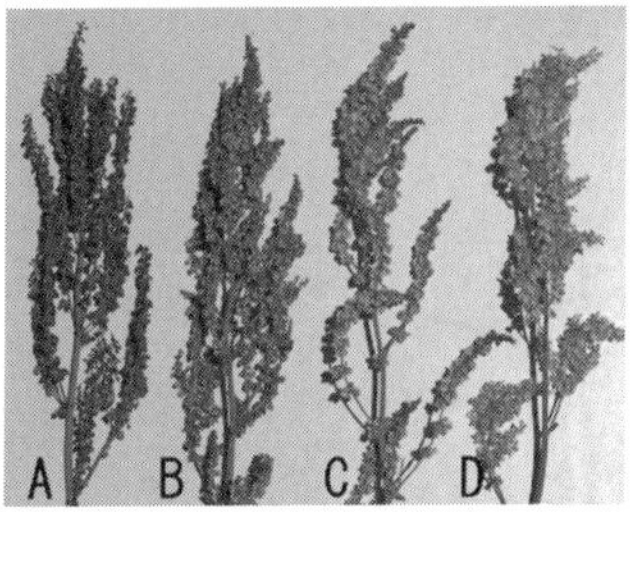

地球環境を守る役割の一端を果たしていた。そのスイバたちさえもが生きづらい環境が、いつの間にか私たちの周りに広がり、その景観を〝あたり前〟と思うようになってきた。

農道や小川の土手はコンクリート化され、スイバたちが育つ空間は縮小されていく（**図20**）。水路も間断給水となり（**図20**右端）、かつてはこの小川や水路で生きていたメダカやシジミたちは消えた。スイバをはじめ多くの雑草たちも、どこかへ引っ越した。

ある地方都市の郊外に、ほぼ淡水化した小さな汽水湖があった。湖水の周辺が宅地化するにつれて、夏には湖面の一部にヒシが繁茂するようになった。湖水が富栄養化したのだ。「ヒシの除去を」の声に押されて、湖内へ海水が導入された。湖面からヒシが消え、人々はよろこんだ。しかし、湖底に生きたカラスガイなどの淡水産貝類たちは、ほぼ皆滅した。

図20　水田を貫通した農道は舗装され、小川や水路（道路右側）もコンクリート壁に改修。水路に雑草は見られなくなり、シジミやゴギ、メダカたちも水路から消えた

科学の進歩に、スイバたちは多くの貢献をした。その科学の進歩によって、スイバやヒシたちの棲みづらい自然環境が人里に広がってきたのだとすれば、科学研究とは人間の幸福のためだけに展開されるものなのだろうか。

ある団体の主催で科学講演会が開かれた。

「科学研究とは、研究者個人の興味の衝動を原点にする」と、演者（自然科学者）の一人は語った。ほんとうにそれだけでよいのだろうか。科学への研究倫理が問われる時代になってきた、と思いながら会場を後にした。

第４章

ニガナは草原の植物

氷河期を生きた

イソニガナの自生地（新潟県）

ニガナと呼ばれる植物

ニガナやハナニガナ（**図1**）は、キク科ニガナ属の植物である。第1章のツユクサは雑草として生きる南方系の植物だが、ニガナたちは野草としての生き方に固執しながら、雑草的な側面も見せる北方系の植物だ。

ここで話題にするニガナやハナニガナたちは、春になると早々に、根出葉《こんしゅつよう》を地面に広げ、初夏に二〇～三〇センチメートル長の茎を立てる。花軸の先端は多数の花《か》柄《へい》に分岐し、それぞれに黄色い花を開く。花といってもユリやアブラナの花とは異なり、日常的に花と呼ぶ彼らの花（頭状花）は舌状花（舌状の花弁をもつ小花）と筒状花（筒状の花弁をもつ小花）の集合体である（**図2**、**図5**）。

図1　腊葉《さくよう》標本。左：ニガナ　中：イソニガナ　右：ハナニガナ

ニガナの分布

ニガナやハナニガナたちの分布は、広域・多岐にわたる。地理的には北海道から本州・四国まで、生態的には高山から低地の人里まで。

人里では林縁、新しく整備された道路や登山道わき、草地、田や畑のあぜや農道、公園の隅などに、かなりふつうに生える。田舎では果樹園や田畑のあぜで雑草になっていることもある。田舎では人家の庭へ入って花を開いたりもする。多年草（宿根草）なので、生育環境が変わらないかぎり、毎年同じ場所に見ることができる。

ニガナの仲間たち

『日本植物誌　顕花篇』には、ニガナ属（ニガナ類）に一〇種をあげている（括弧内はおもな生育地）。

ハマニガナ（海浜）（**図3**上右）、オオジシバリ（水田のあぜ）（**図3**下）、イワニガナ（別名：ジシバリ。山地の荒れ地や果樹園）（**図3**上左）、ノニガナ（河原）、ホソバニガナ（湿地、稀少）、ニガナ（草地や果樹園）（**図1**左、**図2**左）、イソニガナ（海岸）（**図1**中）、アツバニガナ（九

図2　ニガナ（左）とハナニガナ（右）
畑のあぜや路肩の斜面に生える

州南部以南）、カワラニガナ（河原、稀少）、タカサゴソウ（草原）である。

ニガナ属植物は、染色体の小さいイワニガナやオオジシバリ、ハマニガナなどのグループ（基本染色体数8）と染色体の大きいニガナやイソニガナのグループ（基本染色体数7）に分けることができる（**図4**）。

分類学でいうニガナ（*Ixeridium dentatum*）という種《しゅ》は、さらに、いくつかの亜種や品種に分かれる。

ハナニガナ（変種、人里〜亜高山）、オゼニガナ（品種、尾瀬）、タカネニガナ（変種、亜高山〜高山）、クモマニガナ（変種、高山）、ハイニガナ（変種、湿地）、そして母種のニガナ（*I. dentatum* subsp. *dentatum*）である。*

図3　上左：イワニガナ　上右：ハマニガナ
下：オオジシバリ

＊——これ以後はニガナと表記するときは、属名のニガナではなく、種名のニガナを指す。亜種や品種を含むときは〝ニガナ類〟と書く。

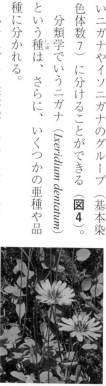

太古の自然が日常性の中にある日本の自然

ニガナやハナニガナは、人里の草地に生え（野草）、時には除草の対象になる。しかし、ツユクサのように大挙して田畑に侵入（雑草）することは少ない。

この章では、ニガナやハナニガナは〝遠い過去、すなわち地球が寒冷であった時期（第四紀最終氷期：約二万年前に終了）を生きぬいた植物たちの末裔だ〟ということを、〝染色体〟という切り札を使いながら話していく。最後に遺伝子解析の結果も紹介する。

ニガナたちのように二万年を超える遠い過去を生きぬいた植物たちが、日本の人里の田や草地の身近な自然の中に、ひっそりと生きている。深山幽谷でなくても、人が生活する日常性の中に、悠久の刻《とき》を刻みながら生きる植物たちがいる。

ニガナやハナニガナを探す

ニガナやハナニガナは道路の切通しや公園のすみ、畑のあぜなどの草地に、小集団でよく見かける。春から初夏にかけて黄色い花をつけ、花期が終わると、茎（地上茎）や葉は枯れる。秋が深まると、再び新しい根出葉が芽吹き、早春には

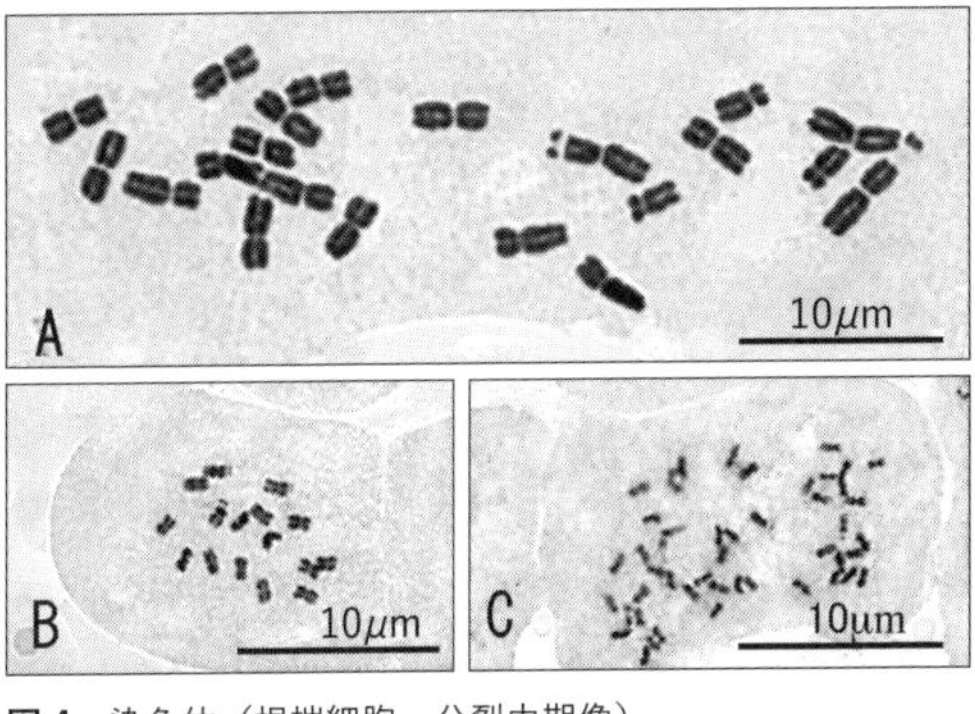

図 4　染色体（根端細胞、分裂中期像）
A：ハナニガナ $2n=21$　B：イワニガナ $2n=16$
C：オオジシバリ $2n=48$

それらを地面に広げる。日本の冬を元気に生きぬいている彼らの生活史を見ると、ニガナたちは寒さに強い〝冬の植物〟だとわかる。

ニガナとハナニガナは同じ場所で混生していることがある。しかし、ニガナの花弁（正しくは舌状花）は五枚、ハナニガナは八枚以上を目安に、両者を識別できる（**図5**）。

ニガナやハナニガナは日光がよく射す草地を好む。人が定期的に草刈りをすることで、元気に生きる。草刈りがされないままに、ススキやクズなどの草本類、アカメガシワやクサギといった荒れ地に強い樹木が茂ってくると、ニガナたちの姿はしだいに少なくなり、やがて見られなくなる。

すでにふれたように、ニガナたちは寒さに強い。平地から高山帯にまで姿を見せる。**図6**（下）は石鎚山系（瓶《かめ》ケ《が》森《もり》：標高一八九七メートル）（**図6上**）の通称クマザサ（チシマザサ）の中に生えた

図5　花（頭状花）
上：ニガナ
中：ハナニガナ
下：イソニガナ

ニガナ（左）とハナニガナ（右）である。

高山帯の岩場にはタカネニガナ（石鎚山：標高一九八二メートル）（**図7**右）、クモマニガナ（八甲田山：標高一五四八メートル）、シラネニガナ（白根山：標高二五七八メートル）が、また、波の飛沫がかかりそうな海岸の岩崖にイソニガナ（鯨波《くじらなみ》海岸）（**図8**）、渓流の岩壁にドロニガナ（和歌山県）が生える。屋久島の高山帯（花之江河《はなのえごう》：標高約一六〇〇メートル）にはヤクシマニガナ（矮性《わいせい》）（**図7**左）が見られる。

イソニガナの自生地は限定的

イソニガナは中井猛之進が郷津《ごうづ》海岸（新潟県）で発見した稀産種だ。イソニガナは発見者の意見にしたがって、ニガナの別種とすることもある。しかし、北村四郎はニガナの亜種とした。

イソニガナは一九五五（昭和三〇）年頃には新潟県の海岸岩崖に点々と群生していたようだ。しかし、他県ではイソニガナが見つからない。

図6　チシマザサ（四国–瓶ヶ森：標高 1897m）の中に生えるニガナ（下左）とハナニガナ（下右）

理由はわからないが、新潟県の地史と海岸地形に要因の一つがありそうだ。

日本列島の自然環境の地史的推移の中で、新潟県の海岸に残存的に生き残った種なのだろう。地元の人たちによる手厚い保護活動が展開されている。

自生地でのイソニガナの外部形態には個体変異が見られた（**図8**、**図9**）。

図9左は、**図8**に示したイソニガナ（岩崖型）とは異なり、砂礫質の海岸傾斜地に自生するイソニガナ（砂礫型）の形態写真である。**図9**右は、許可を得て、**図9**左と同型のイソニガナ数個体を実験圃場《ほじょう》（鳥取）へ移植して一〇年間養生観察した個体（2*n*＝14）である。

内陸部の実験圃場へ移植後も、**図9**右に見るように外部形態の顕著な変異は生じなかった。したがって、**図8**と**図9**の間に見られるイソニガナの外部形態の個体間変異（岩崖型と砂礫型）については、さらに検証が必要ではあるが、イソニガナは自生地での環境圧差に対応して多くの種内変異を生じ

図7　左：ヤクシマニガナ（屋久島産、2*n*＝21、1985年5月31日）
右：タカネニガナ（石鎚山産、2*n*＝21、1970年5月10日）

図 8　野生のイソニガナ
海浜の垂直な岩壁に生きる

図 9　イソニガナの自生個体（砂礫質海岸：左）と栽培個体（鳥取、10 年継続：右）との形態比較。両者の外部形態は近似し、人工栽培による形態変異は見られない

ている可能性が考えられる。

イソニガナの種子産生は、ほぼ完璧なまでの他家受粉である（コラム参照）。彼らの生育地が限定的な理由の一つは、この強固な他家受粉性にある。彼らの種子が遠隔地へ運ばれ、発芽・生育のチャンスを得たとしても、近くに同種の成熟株が共存し、それらからの花粉提供がなければ種子をつくれない。

形態分化のあいまいさ

野外でたくさんのハナニガナ類を観察すると、これまでの古典的な分類大系では釈然としない部分が見えてくる、と小山博滋は指摘した。変種や品種の間で、中間型ともいえる形態のものが出てくるのである。

形態が変わるニガナたち

ニガナ類の分類が難しいことの一つは、同一環境に生えていても個体間で外部形態が変異していることにある（例：**図10**）。
ふつうは**図10**左が多くのハナニガナの姿である。ところが、同じ群落に**図10**右のような細葉型が、

コラム

イソニガナの他家受粉のメカニズム

ニガナ類の花粉は、訪花昆虫によって運ばれる(図下)。

イソニガナの葯はたがいにくっつき合っていて、円筒状になっている。この円筒の中をめしべ（花柱）はくぐり抜け、先端（柱頭）を円筒の外へと出す。

多数のおしべが集合癒着してできた円筒の内側には、たくさんの花粉が放出されている。この円筒内をくぐり抜けためしべの柱頭には、たくさんの花粉がくっつく（矢印1）。しかし、これらの花粉で、めしべが受粉されることはない。

花粉の円筒をくぐり抜けためしべの先端（柱頭）は縦にさけ、柱頭の内側を外へさらけ出す（矢印2）。こうなってはじめて〝めしべは受粉可能〟になる。〝めしべの柱頭内側〟へ、飛来昆虫が運んできた他個体からの花粉が付着し、〝受粉成立〟である（矢印3）。

時に混在する。

すでに述べたように、**図8**はいずれもイソニガナだが、外部形態は三者三様だ。さらに、**図9**左に示したような個体も見られる。

花弁数の変異

形態変異の一例に、花弁数を見てみよう。

花（頭状花）の花弁（舌状花）数は同一個体にあっても、ニガナで四〜七、ハナニガナで五〜一二と変異する（**図5**）。ニガナで五、ハナニガナで八が最もふつうだ。

野外でニガナやハナニガナを見ていると、ニガナの葉のように細長な葉のハナニガナが見つかる（前述）（**図10**右）。こうなると、根出葉の形態のみでは両者の識別は困難になる。

しかし、花軸が立っていると、ハナニガナの〝茎葉《けいよう》（花軸につく葉）は茎を抱く〟、ニガナの茎葉は〝茎を

図10　ハナニガナの形態変異
左：普通葉型（腊葉標本）　右：細葉型

抱かない〟の形態（**図11**）を目安にして、識別できる。

染色体数の変異

染色体数は2*n*＝14、21、28

染色体の数や形は、ニガナ属の種や変種の間ではっきりした違いが見られるのだろうか。イワニガナやオオジシバリたちは、ニガナやハナニガナ、イソニガナたちとは外部形態が大きく異なる（**図3**）。染色体の数や大きさも、前者と後者とで明瞭な違いが見られた（**図4**）。

ニガナ属（ニガナ類）の染色体数を最初に報告したのは、石川光春である。

石川の染色体研究の一〇年後になってようやく、ニガナで2*n*＝21、クモマニガナ（高山植物）で2*n*＝14、21、28（種内倍数体）が正確に分別できるようになる。

図11　茎葉（葉節部　矢印）
左：ニガナ、茎を抱かない　中：イソニガナ、茎を抱く　右：ハナニガナ、茎を抱く

その後も、ニガナ類の染色体研究は累積され、そうした知見を総合するとタニガワニガナ（高山植物）やイソニガナ（海岸植物）では$2n$＝14のみである。しかし、ほかのニガナたちは、$2n$＝14（二倍体）、21（三倍体）、28（四倍体）の種内倍数体をもつことがわかってきた。ニガナ類で観察された$2n$＝14染色体に、イソニガナの$2n$＝14（**図12**）を加えて**図13**に示した。こうして一四個の染色体を並べてみると、これら五種（**図13**A〜E）の染色体（核型）は、種間でたがいに類似していた。これら五種を染色体の形（核型）でもって分別することは不可能だ。

ところが、ハナニガナやニガナには$2n$＝14が見つからない。ハナニガナの$2n$＝21（三倍体）および$2n$＝28（四倍体）核型を、事例的に**図14**に示した。これら倍数体の核型（染色体の形）も、基本的には$2n$＝14核型と変わらない。どの植物種の染色体群（核型）もa群、b群、c群の三グループ（染色体の集合）で成り立っている。$2n$＝21や$2n$＝28の核型が、$2n$＝14核型の三倍体と四倍体であることがわかってくると、ニガナやハナニガナたちの共通祖先植物の核型も、イソニガナ$2n$＝14の核型（**図13**E）に似たものであっただろう、と想像できる。

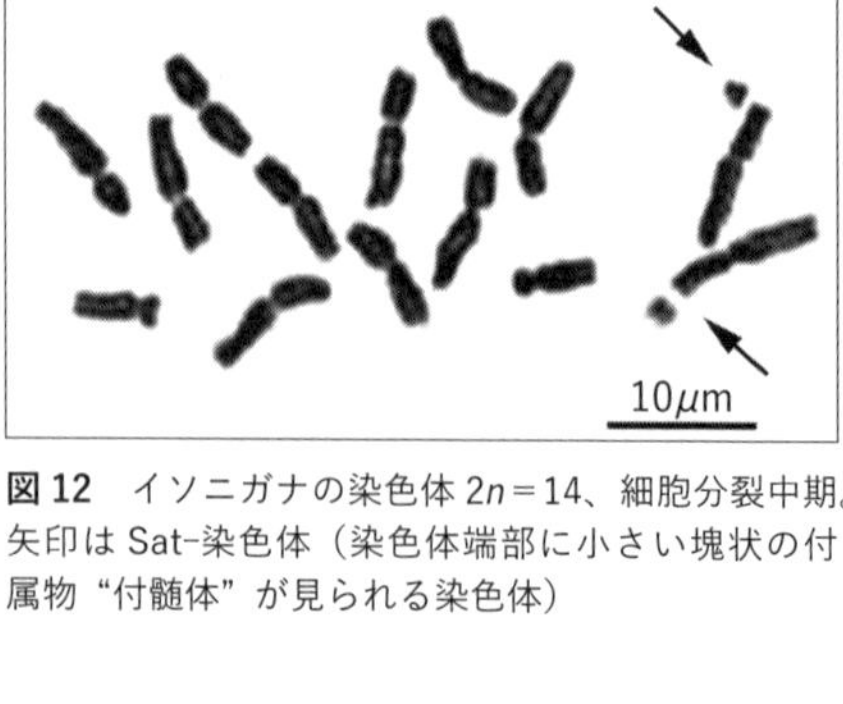

図12　イソニガナの染色体$2n$＝14、細胞分裂中期。矢印はSat–染色体（染色体端部に小さい塊状の付属物“付髄体”が見られる染色体）

換言すれば、現世のニガナたちは、彼らの遠い祖先が示した核型をしっかりと守りつづけて現世を生きる植物たちだ。

三倍体ニガナの不思議

ニガナの染色体を全国的に広く調査し、彼らの核型が明らかになってくると、一つの不思議な事象が浮き彫りになってきた。一つの種内に二倍体（$2n=14$）や四倍体（$2n=28$）が存在するにもかかわ

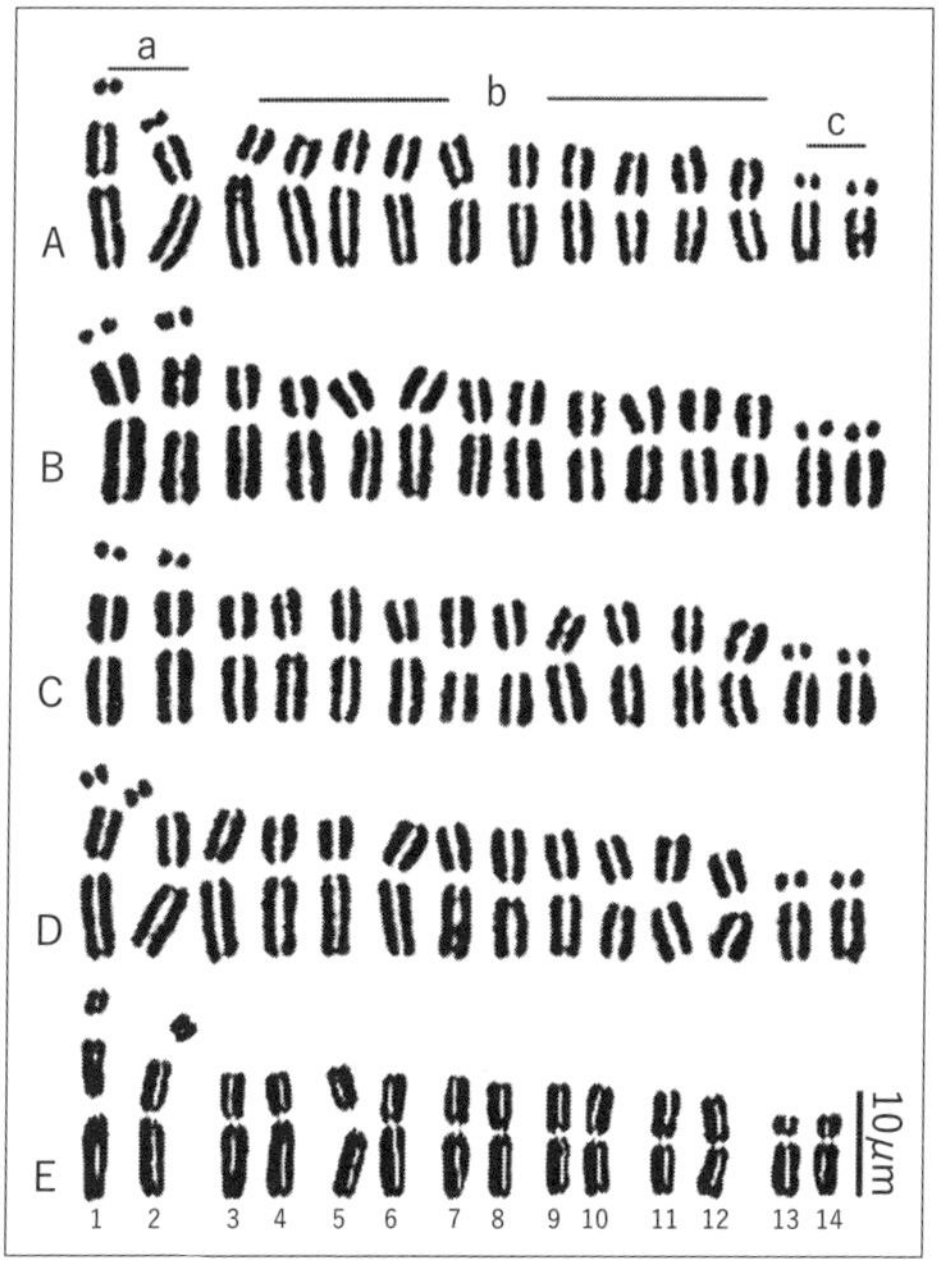

図 13　分裂中期染色体 $2n=14$
染色体は a 群（短腕末端に付随体）、b 群（中型）、c 群（小型）の 3 群に分類
A：ドロニガナ
B：タニガワニガナ
C：クモマニガナ
D：ハイニガナ（A ～ D は、Nisioka 1963 より転載）
E：イソニガナ（著者原図）

らず、野外でふつうに見かける個体数が最も多いニガナは、三倍体（2*n*＝21）なのだ。しかも、この三倍体植物が正常な種子を実らせている。このことは、ハナニガナでも同じである。

ここで「不思議な」と書いたのは、染色体の数が三倍数になると、たいていの植物はほとんど種子をつくれない。このために、三倍体植物は種子繁殖ができない。ところが、ニガナは三倍体が種子をつくり、種子繁殖をふつうに行っている。なぜ、こんなことができるのだろう？

三倍体植物の特徴

三倍体植物は、**図14**A～Cに示すように、同形同大の染色体（相同染色体）

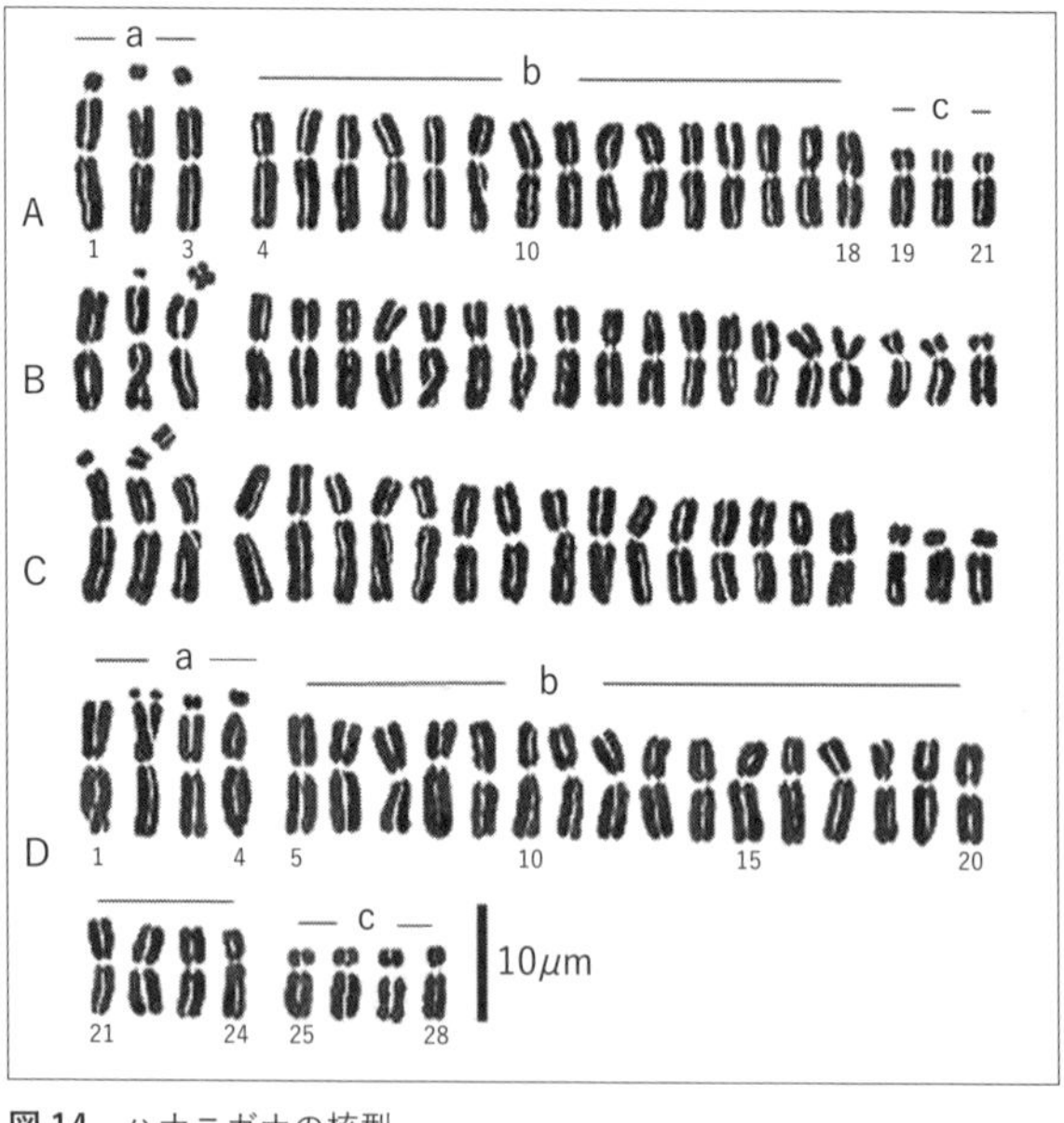

図14　ハナニガナの核型
A～C：2*n*＝21（三倍体）　D：2*n*＝28（四倍体）
a 群染色体の短腕末端に付随体、付随体に形態的変異が見られるが三個ずつ対になっている（a群とc群）。相同染色体が三個（三倍体）になると、減数分裂では三個の染色体が対合（接合）しようとする（**図15**A）。結果的に、減数分裂がうまく進行できなくなり、種子形成ができない。

ところが、三倍体のニガナやハナニガナたちはりっぱに種子を実らせ、ニガナ社会やハナニガナ社会をつくりあげている。なぜ、こんな芸当ができるのか。この話はしばらく頭の隅においておくことにしよう。

ニガナとハナニガナは別系統の植物か？

形態分類学上の位置づけ

ニガナとハナニガナは、野外では混生していることがある。この二種の分類学上の関係は、どう位置づけされているのだろう。こうした疑問が起きたときは、まず植物の学名を見てみよう。分類学者たちは、植物に世界共通の名、すなわち学名をつけている。ニガナの学名は *Ixeridium*

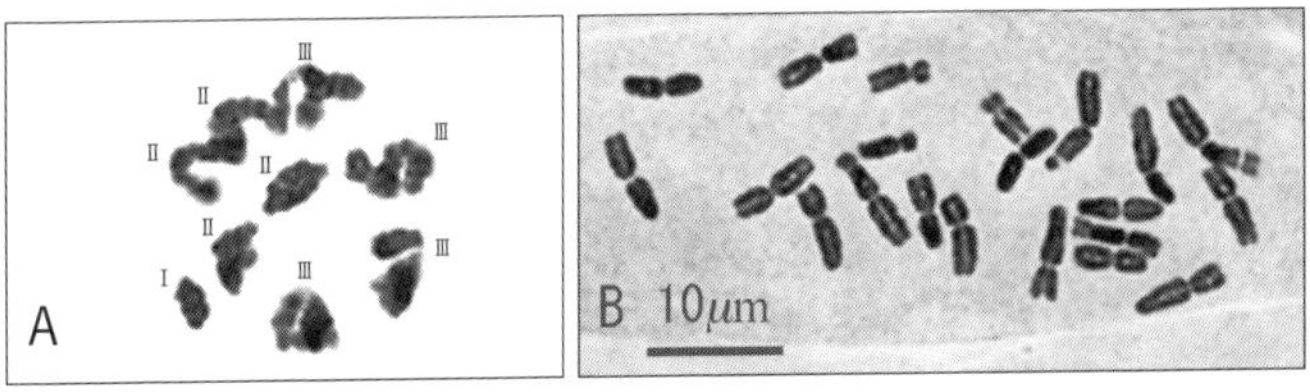

図15　ハナニガナ（三倍体）の染色体
A：減数分裂中期 4 Ⅲ＋4 Ⅱ＋1 Ⅰ
B：体細胞分裂中期染色体 $2n=21$
Ⅲ：三価染色体　Ⅱ：二価染色体　Ⅰ：一価染色体

dentatum（Thunb.）Tzvelev subsp. *dentatum*、ハナニガナは *I. dentatum*（Thunb.）Tzvelev f. *amplifolium*（Kitam.）H. Nakai et H. Ohashi である。ハナニガナの学名は *dentatum* の後に f. と記入されている。f. は forma（品種）の略記、すなわちハナニガナはニガナという種の中の一つの品種として分類されており、その品種名は *amplifolium* だというのだ。

右記のハナニガナをニガナという種（植物群）の中の一品種だとする解釈は、妥当なのだろうか。学問は日進月歩で、情報量が増えてくる。以前には〝妥当だ〟と判断されたことも、新しい情報が付加されると、修正されることがある。ハナニガナをニガナの一品種とするには、形態学的にも生物地理学的にも、両者の違いが大きすぎる。両者の関係は再検討してみるのがよいのでは、と小山博滋は提案した。*

*――最近の遺伝子解析の結果では、ニガナとハナニガナは亜種の関係にあることが提案されている。

〝ニガナとハナニガナの関係を再考する〟という歴史的な話

小山はニガナたちの分類をやり直すという大仕事に着手した。そのためには、ニガナとハナニガナの日本列島での地理的分布の実態把握が必要だ。この研究手法の発想の背景には、バヴィロフの植物地理学的微分法という考え方（仮説）がある。すなわち、栽培植物の発祥地は、その植物の変異が最も多く見られる地域だ、という。これを演繹して、ある野生植物の変異集積地域が、その植物の種分化（発祥）の地だとする作業仮説である。

具体的には、生きた植物を全国的にサンプル採集し、外部形態のみでなく、核型の情報も個体ごとに調べ、それらを地理的分布と重ね合わせて解析していくのである。

しかしこのような研究を正攻法でニガナ類に適用すると、小山が研究を計画した当時としては、情報を収集するだけで膨大な時間と手間が必要だ。しかし研究者も生身の人間、研究に使える時間は無限ではない。寿命という時間制限は、確実にやって来る。

核型のデータ解析を省略できないか？

この研究で最も時間がかかり、高度な技術を要するのが〝核型分析〟だ。この章でも、植物の染色体を容易に算定可能な姿で**図4**、**図12**、**図15**などに示した。ここに示された染色体写真のように、一本一本の染色体が明瞭に識別可能な顕微鏡写真を撮影できるようになるためには、かなりの熟練が必要で、そのための時間がかかる。この核型分析を、ほかの研究方法で代替できれば、時間の大きな節約になる。

花粉粒の大きさを調べる

ニガナ類の研究には、核型分析にかわって〝花粉粒を調べる〟という簡便な方法が使えることがわかった。これは、まことに幸運なことだった。小山は、博物館や大学の標本室に収納された腊葉標本の花粉粒の形態調査を始めた*。標本には、採集者によって採集地と採集年月日がかならず記載されている。標本の採集地はそれで知ることができた。

腊葉標本の花粉粒を使ってニガナ類の倍数体を調査したところ、四倍体の花粉粒は二倍体よりも大きい。三倍体の花粉は、中身が空洞になっていたり、形がいびつになったりしている。花粉粒を調べることで、核型調査をするのと同等の結果が得られることがわかった。

＊——証拠品として保存されている腊葉標本からの花粉粒採取調査は、ふつうは許可されない。

花粉粒の倍数体調査でわかったこと

次の①～③が明らかになった。

①種の違いを無視すれば、二倍体（$2n=14$）は本州中央部に局所的に分布していた。

②三倍体（$2n=21$）は全調査個体の九割、かつ全国的にほぼ均等に分布していた。

③ニガナの四倍体は西南日本、ハナニガナの四倍体は東北日本で集中的に分布していた。つまり、ニガナとハナニガナとは起源の異なる植物である。

ニガナやハナニガナで明らかになったこと

⑴外部形態からは種を分別できない

花粉粒調査で標本が二倍体だとわかれば、そうした個体（種の別は問わない）間で、外部形態の比較ができる。その結果、新しい事実がわかってきた。

その一つ。現在では高山に隔離分布をして、たがいに遺伝子交流のないタカネニガナとクモマニガナの間でさえも、彼らの中間型の形態の標本が見つかった。〝外部形態でもってタカネニガナとかクモマニガナだと明快に峻別することはできない〟という新事実が、明らかになってきた。

この発見は重要だ。地理的に遠く離れた高山に、たがいに隔離分布する二者間では、ふつうには遺伝子交流はない。ところが、この隔離されて遺伝子交流のないはずの二種が、たがいに〝共通する遺伝子を秘かにもっている〟ということを、標本植物たちは示唆した。端的にいえば、二種は〝同一祖先植物から分化（枝分かれ）した〟可能性のあることを、あるいは、かつて同所的に分布していた時代に、相互に遺伝子交流をするチャンスのあったことを、標本たちは語りかけていた。

日本のニガナ類（高山植物たち）は、遠い昔（日本列島の気候が寒冷であった頃）に一つの祖先植物（共通の祖先植物）を出発点にし、いろいろな種に分化しながら長い進化の旅路を歩いてきた植物たちだ、と想像できる。彼らが秘めていた種分化のロマンが見えてきた。

(2)茎葉の形態がニガナとハナニガナとは異なる

ニガナの葉（茎葉）は茎を抱かない。ところが、ハナニガナやイソニガナの葉は茎を抱く（**図11**、矢印）。この違いによって、ニガナ類を二つの大きなグループに分けることができる（後述**図17**）。換言すれば、〝ニガナ類は種分化の初期段階で二つの系統（ニガナ型とハナニガナ型）に分岐していた〟。

(3)人工雑種の作出実験でわかったこと

イソニガナ〈$2n=14$、茎葉はハナニガナ型〉と二種の高山植物（タカネニガナ〈$2n=14$〉とタニガワニガナ〈$2n=14$〉）との人工雑種の作出を試みた実験がある。イソニガナの相手がハナニガナ型茎葉だと、雑種F_1は稔性をもった（交配によって子孫をつくることができる）。

イソニガナ（ハナニガナ型）×タカネニガナ（ニガナ型）　F_1は不稔

イソニガナ（ハナニガナ型）×タニガワニガナ（ハナニガナ型）　F_1は稔性あり

右記の(1)〜(3)の事実は、〝ニガナとハナニガナとは別系統の二植物〟であることを示唆する。茎葉が茎を抱くか抱かないかといった外部形態的な特徴は、系統分類学上、大切な類別点の一つと見なしてよい。この結果は、分子生物学的な解析結果とも整合する。

ニガナ類では三倍体（2n＝21）が最多なのはなぜ？

小山の花粉粒調査結果（調査標本：約一五〇〇枚）から、調査標本の約九割が三倍体、残り一割の三分の二が二倍体、三分の一が四倍体であった。

私が行ったニガナの染色体による野外調査（四国および九州地方から採集）でも、九〇％以上が三倍体であった。

ハナニガナの染色体調査（四国から北海道）でも、九一％が三倍体であった。これも小山の花粉粒調査結果とよく一致した。

では、どうしてニガナやハナニガナには、三倍体がこんなにも多いのだろう。三倍体植物は、次のヒガンバナの例でもおわかりのように、種子をつくれないはずなのだが。一六九ページで後まわしにしていた話（三倍体が種子をつくる）を、これからしていこう。

日本のヒガンバナは九九％が三倍体

九月になると、田のへりや川の土手などでヒガンバナが赤い花をつける（**図16**）。

二倍体のヒガンバナは中国大陸に生えるが、日本にはない。日本の田んぼのあぜや農道法面《のりめん》にたくさん生えるヒガンバナは、みな三倍体である。彼らはほとんど種子をつけない。種子をつくるために必要な減数分裂と呼ばれる細胞分裂が正常に進行しないからだ。種子で子孫を残せない日本のヒガンバナは、球根（鱗茎）の分球で殖える。

ところが、ニガナの仲間では、「種無し」になるはずの三倍体植物が地理的に最も広く日本列島に自然分布し、種子繁殖をしている。

ニガナの三倍体が種子をつけるのはなぜか

ふつうは種子をつけない三倍体植物が、ニガナ類ではりっぱに種子を実らせ、生きている。

この不思議さに最初に気づき、三倍体ニガナが種子形成できることを明らかにしたのは、岡部作一である。もう八〇年以上も昔の話だ。

三倍体ニガナは、前述のように正常な花粉をほとんどつくらない。三倍体ニガナには、細胞内に相同染色体が三個ずつある（**図14**）ので、減数分裂中期では三価染色体（三個の相同染色体が接合した染色体）や二価染色体などが形成され

図16　田のあぜに咲くヒガンバナ

（**図15**Ａ）、細胞分裂が正常に進行しない。当然のことながら、正常な花粉はつくれない。しかし、花粉が正常でなくても卵子（胚）さえ正常につくられれば、子孫を殖やせる道はある。じつは、ニガナは花粉不要の世界をつくりあげていた。受粉なしで、種子形成ができる無配生殖の世界である。

無配生殖をする

ニガナの卵母細胞（卵子になる細胞）では、染色体形成の初期段階で核は染色体形成の作業を中止（減数分裂を中断）し、もとの核（分裂開始前の核）に復帰する（復帰核形成）。この復帰核が卵子の核になって、卵子が形成される（遺伝子はもとのまま）。

復帰核をもった卵子は、未受精のままで胚（次世代のニガナ植物）に成長する。換言すれば、ニガナやハナニガナの卵子は雄核と合体しないで胚（新しい個体）をつくっていた。結果的に、次世代ニガナの遺伝子組（ゲノム）は母植物と寸分違わず同じになる。言うなれば、$2n=21$のニガナ（三倍体）は母植物のコピー（クローン）なのだ。まさに、マンガのＳＦ世界と同じことをニガナたちはやっていた。

ニガナやハナニガナの九〇％以上が三倍体（無配生殖個体）である。三倍体個体が圧倒的に多いことで、種を安定的に維持しつづけている。このメリットは、いったい何なのだろう？

ニガナ類の核型は、種間でたがいに類似している

ニガナ類の共通祖先は、どんな核型をしていたのか

ドロニガナ、タニガワニガナ、クモマニガナ、タカネニガナなどは、染色体数14の個体を種内にもつ。彼らの核型はいずれも、イソニガナの核型（**図12**、**図13**E）に似ていて、半数染色体組（n＝7）の核型（染色体の形）はイソニガナと同様に（a＋5b＋c）で表すことができる（**図13**A〜D）。この（n＝a＋5b＋c）をニガナ属植物の基本核型と呼ぶならば、$2n$＝21や28染色体個体の核型も、基本核型（a＋5b＋c）の三倍または四倍で成り立っている（**図14**）。こうした事実から類推すると、ニガナ類の共通祖先植物の核型は$2n$＝14＝2（a＋5b＋c）であった、と見なせる。

ハナニガナの$2n$＝21および28の核型

人里にふつうに見られるハナニガナの核型は、どんな染色体構成なのだろうか。

ハナニガナの染色体数は$2n$＝21がふつうで、西日本では$2n$＝28の事例は多くない。鳥取県岸本町と愛媛県三坂峠の二つの集団で、$2n$＝28（四倍体）を観察できた（**図14**D）。

ハナニガナの$2n$＝21および$2n$＝28核型は、高山植物のタカネニガナやクモマニガナ、そして海浜の

イソニガナたちの $2n$ = 14核型と同様に、a、b、cの三染色体群で構成されていた（**図13**、**図14**）。ハナニガナたちも、彼らの遠い祖先がもっていた核型（染色体の形）を変えることなく、この世で生きていた。この核型のかたくななまでの保守性（安定性）は、彼らが地球上（日本列島）で生きてきたことと、どんなかかわりがあるのだろうか。

ニガナ類（ニガナ属ニガナ群）の種分化

日本の高山に隔離分布するニガナ類

ニガナは中国大陸中南部や朝鮮半島にも分布している。日本の固有種ではない。したがって、ニガナ類の祖先植物は日本列島がまだ大陸と陸続きであった頃、すなわち気候が寒冷な最終氷期が終了する頃までに、日本列島へやって来ていたはずだ。そして気候が寒冷な頃に、現在見られるような多くの変種や品種を、日本列島で分化させたのであろう。

右のように考える理由は、次の二つからである。

(1) 高山植物の一つであるタカネニガナは、仙丈ヶ岳（長野県・山梨県）、八ヶ岳（長野県）、至仏《しぶつ》山《さん》（群馬県）、石鎚山（愛媛県）などの地理的に隔離された高山の山頂付近岩場に分布している。この隔離分布の成り立ちを、どう考えればよいのか。

ニガナやハナニガナの遠い祖先たちは、日本列島が寒冷な頃には低地に広く混生分布し、種を分化させつつあったにちがいない（この章のはじめに書いた「ニガナ類は秋に芽吹き、春に開花、夏には葉が枯れる」ことに注目）。

最終氷期も終わりに近づくと、地球の気温は徐々に上昇した。低地の草原には海水が浸入し、あるいは湿原となり、ニガナ類の祖先植物たちは適湿地を求め、また冷涼地を求めて移動せざるを得なくなった。低温を求めて、祖先が生きた大地——大陸（周極）へと移住した個体もあったであろう。日本列島の高山へと逃避し、そこを生きる場所に選んだ者もいただろう（タカネニガナやタニガワニガナ、クモマニガナたちの高山での隔離分布）。また、ある者は海岸の限定された場所（イソニガナ）に、あるいは山間の渓谷（ドロニガナ）に、ほかの野草たちとの生存競争をさけて逃避したにちがいない。

(2) 現在は人里にふつうに見られるニガナやハナニガナも、高山植物のタカネニガナが生える亜高山帯や高山帯にまで進出して生きている姿を見ることができる。例えば石鎚山系では、山頂近くのブナ—チシマザサ群落の中に（**図6**）、あるいは山頂近くの岩場に高山植物のタカネニガナにまじって生きるニガナやハナニガナを散見できる。八甲田山（青森県）でもクモマニガナと混生してニガナが見られる。こうした事例は、低地に広い分布域をもつ現生のニガナやハナニガナたちだが、遠い祖先の耐寒性遺伝子を、体内に引き継いでもっている何よりの証拠だ。

倍数体の派生

ニガナ類は一つの種内に、染色体数を異にする個体群、すなわち倍数体（$2n$＝14、21、28）を分化していることが多い。それは、どのようにして生じたのだろうか。

例えば、四国の石鎚山の山頂に局所的分布をしているタカネニガナの集団中に、$2n$＝14や21、28の個体（倍数体）を見ることができる。タカネニガナは谷川岳（新潟県・群馬県）、八ヶ岳（長野県・山梨県）、仙丈ヶ岳（長野県・山梨県）、石鎚山（愛媛県）などの山頂に隔離分布している。これらの生育地間での交流は、今はない（地理的隔離）。

これについて研究者の中には、「気温が徐々に上昇したことで各地の高山に逃避し、たがいに隔離分布を始めた、例えばタカネニガナ（二倍体）たちは、逃避した各地の高山で独立的に倍数体シリーズを突然変異で派生した」と考えた。しかし、ニガナたちが高山へ逃避分散する前に、低地の各地で種ごとに倍数体を分化していたとも考えられる。ほんとうのことは、今のところわからない。

ニガナ類の共通の祖先植物は多くの種や品種を分化し、そうした亜種や品種たちはさらに、それぞれの個体群の中に、倍数体（三倍体や四倍体）を分化させていった。一方、種分化や倍数化の過程で、染色体の基本的な形態（基本的核型）は保守したままだった。換言すれば、祖先植物がもっていた核型を、種分化後のどのニガナ類たちも保守しつづけている。このかたくななまでの核型の保守性の理由は不明だ。しかし、このかたくなさがニガナたちの種分化の特徴の一つでもある。

外部形態の分化

ニガナの仲間は、多様な場所や環境で生きて、亜種や品種を分化した。そうした彼らなのだが、すでに指摘したように、地上茎の葉（茎葉）が茎を抱く（ハナニガナ型）か、抱かない（ニガナ型）かの視点で（**図11**）、ニガナ類は二つの系統に大別できる（**図17**）。そして、このどちらの分類群にも、高山から低山地、さらに平地に生える種のすべてを見ることができた。この事実は、茎を抱くかどうかの形態的分化は、ニガナたちがさまざまな自然環境に適応放散していく以前の、ニガナ類の遠い祖先植物の中で生じていた形態的分化の一つと考えてよい。

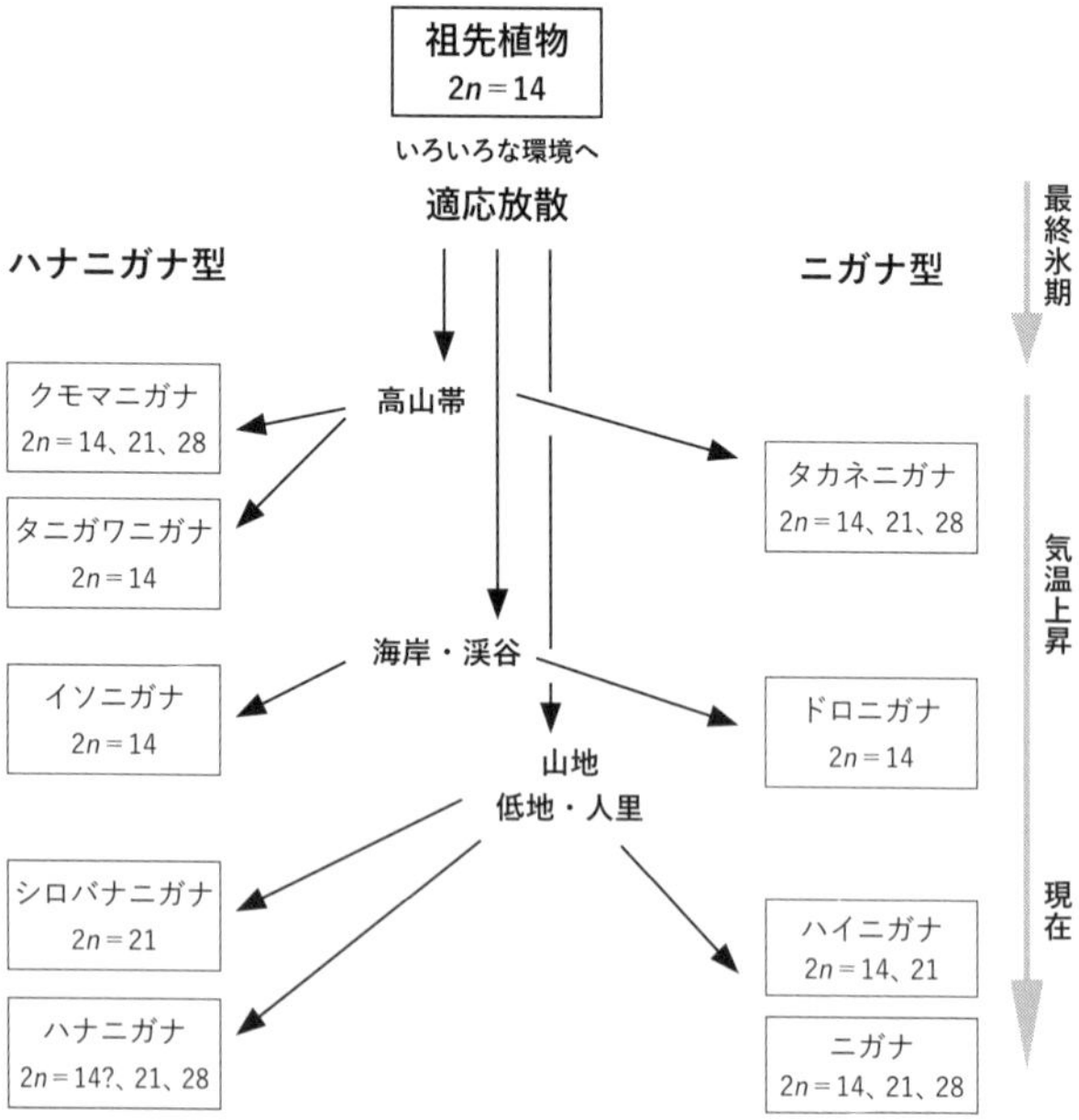

図17　ニガナ属の種分化
ハナニガナ型とニガナ型の2つに大別できる

ハナニガナと呼ばれるニガナ植物

イソニガナとハナニガナの進化

新潟県の砂礫質海浜の海に面した傾斜地の一部に、外部形態がハナニガナによく似たイソニガナ(図9左)がハナニガナやオオバギボウシ、イタドリ、ハマエンドウ、その他の海浜植物たちと同所的に見られる場所がある。

図8は海浜でほぼ垂直に近い岩崖壁に生えた野生のイソニガナである。茎葉は多肉質的で、形態は広卵形、砂礫質の磯に生えたハナニガナ型のイソニガナ類似のイソニガナ(図9左)の草丈よりも明らかに短い。

砂礫質に生えたハナニガナ類似のイソニガナを、ハナニガナと同じ内陸地の生育環境に移して人工栽培テストを一〇年間継続した(図9右)。一〇年間にわたり採集時の外部形態は維持され、かつ図9左に示したイソニガナの野生種の外部形態によく類似し、ハナニガナに類似の外部形態は固定的であることがわかった。ちなみに、この人工栽培テスト個体の染色体数は$2n=14$である。

ここに記したように、イソニガナの種内には外部形態的な多様性が見られた。この形態的多様性の中に、イソニガナの進化の道筋を探る秘密が隠されているようだ。

すなわち、地球の最終氷期(約二万年前に終了)が過ぎ、気温が上昇していく日本列島にあって、これまでは冷涼な自然環境に生きていたイソニガナとハナニガナの共通的祖先植物、あるいはイソニガナとハナニガナに種分化して地史的にまだ日の浅い両植物種の個体群は、新潟県の日本海に面した岩崖海岸に生存の適地を求めて進出して来たのかもしれない。この種分化の草創期に生きたイソニガナ植物の面影をとどめて現世に生きるイソニガナ個体群が、海浜にハナニガナと共存的に見られたイソニガナ個体群（**図9左**）であったのかもしれない。この植物の染色体数は$2n=14$（**図12**）、核型はニガナ属の他種二倍体植物の核型とよく一致した（**図13**）。

最終氷期後の大気の温暖化の影響を受けて、冬の冷気を求めて新潟の海浜に分布したイソニガナ群の一部はやがて、冬期に寒冷な北風を受けることができる海浜の岩崖へと適応放散していった。こうした二次的適応（適応放散）を果たしたイソニガナの末裔が、**図8**に示した茎葉をやや多肉化させ、形態的には広卵形な茎葉をつけるイソニガナ個体群であろう。

新潟県の海岸に限定的に見ることができる海浜植物の一つ〝イソニガナ〟は、本来的には冷涼な環境を好む氷河期の遺留植物の一つである。縄文期以後に進行している日本列島の気温上昇によって、寒冷を好む植物の多くは周極植物としての生き方を選択して日本列島を去り、またある植物群は日本列島の高山へと逃避し、高山植物として日本列島で生きる道を選択した。こうした植物たちが**図13**に示した二倍体ニガナ類の一群であろう。しかし、イソニガナは日本列島において新潟県の限定的な海浜へ、生存の適地を求めて適応放散中と考える。

イソニガナの自生地は現在のところ、新潟県のみに集中的に見られる。この自生地を保全しようと地元の博物館（例：柏崎市立博物館）を軸にして、イソニガナの保護・保全活動が展開されている（例：柏崎植物友の会）。

植物進化の地史学的スケールでの壮大なドラマの一つを、人々の日常性が展開されている人里に至近な場所で、実践的に検証することができた。この貴重な自生地を、いつまでも大切に保全していきたいものである。

イソニガナとハナニガナの関係を分子生物学的手法で解析

柏崎海岸（新潟県）に自生するイソニガナとその類縁種との関係を分子生物学的視点から解析（RAPD分析法）している事例がある（**図18**）。植物の葉からDNAを抽出、解析して系統樹を作成する手法だ。

この系統樹からは、ニガナはハナニガナ、シロバナニガナ、イソニガナとは類縁性が疎である、と解釈できる。最近のニガナ類のDNA解析も、この解釈を支持している。

図18に示したイソニガナとハナニガナのRAPD分析の結果は、従来の分類学者たちの系統分類学的な見方ともよく一致している。すなわち、両種は遠くない過去に両種に共通的な祖先植物（**図18**：共通祖先3）をもつ近縁種だと解釈できる。解析に用いた四種間では、イソニガナとハナニガナの二種間が最も類縁性が高い。

しかし、このＤＮＡ解析結果とは若干異なる解析結果を示す分子生物学的な報告もある。用いた材料植物の選択方法やプローブの選択の差異によって、解析結果が浮動しているようだ。

ハナニガナとイソニガナの二種に限定して考察するならば、地質学的時間の経緯とともに、やがてハナニガナとイソニガナの分岐の時期が訪れた。ハナニガナは人類がつくり出す荒れ地に進出して生きる道を、イソニガナは海岸の岩崖地（海蝕崖）へと特化した生き方を選択した。ハナニガナとイソニガナの二者は、種形成の時間的流れの過程で、荒地という共通性を保持しながら、外見上はまったく異なった自然環境へと選択的分化を果たしていった。

しかし、それは見かけ上のことにすぎない。ハナニガナは人類の手を借りて、一方イソニガナは海蝕崖という特異な自然環境を利用して、ほかの〝野生植物（野草）との生存競争から逃避する〟という共通した生き方で種を分化させている、ともいえる。

種分化の早い時期にハナニガナたちと袂《たもと》をわかったニガナも、自然への適応の過程では草原という環境の中に生きる道を選んだ。結果的に、ニガナとハナニガナは、里山の二次林周辺に形成される草地に広がる崩壊地的な環境を主な生活の場とした。両者は類似した生態学的環境を選択し、現在ではほぼ同所的共存的に生きている（**図2**）。一見して、あたかも近縁種でもあるかのようだが、これは見かけのことにすぎない。二種間の類縁性は、けっして近縁ではない。このことの外部形態への表出の一端が、すでに述べた茎葉の茎へのつき方（**図11**）に見られる。

ニガナとハナニガナの二種は平地の田畑のあぜ、荒地斜面などに見るニガナ類である。この二種の近縁種たちは高山から海岸の岩崖、渓流の岩場などに分布する野草だ。地球地史の第四紀（氷期）から現世までの長い種分化の歴史を思わせるニガナ類であるが、基本的核型はたがいに類似し、かたくななまでに固定的である。そうした彼らではあるが、ニガナやハナニガナたちは$2n=21$植物（三倍体）で正常な種子を産生し、種子繁殖（無配生殖）を常態化していた。すなわち、無配種子によって親植物のコピーをつくり出し、このコピー植物で子孫をつなぐ道を開いた。

このコピー植物たちこそが、現在の地球環境に最も適応した植物たちのはずだ。

しかし、地球環境が不変ということはあり得ない。人間のスケールを超えた時間で徐々に進行する地球環境の変化には、二倍体植物を種内に温存すること

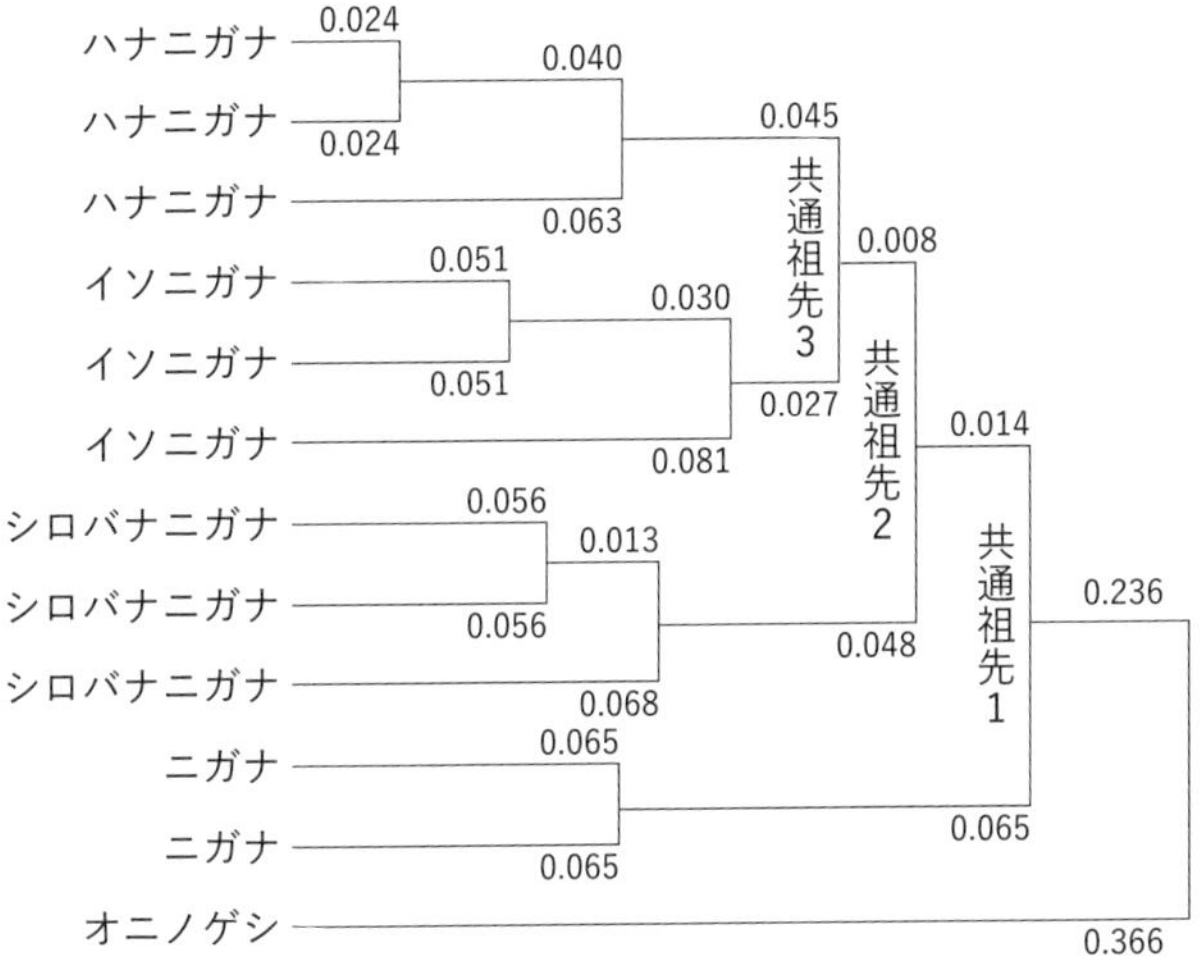

図18　RAPD分析によるニガナ系統樹（安ヶ平ら1999より転載）

で突然変異による種分化の道も保持していた。なんと、用心深い生き方をするニガナたちであることか。

この章では、日常語でいう「雑草」と呼ばれる植物群とは別の、どちらかといえば野草の範疇に入る生き方のニガナと呼ばれる植物群を、種分化の視点で紹介した。彼らは地球の最終氷期に日本列島へと生活圏を拡張し、氷期終了後も日本列島に住みつき、現在を生きる。

その残照をニガナやハナニガナに見ることができる。イソニガナは氷期の生活をかたくなに守りつづけて、新潟県の岩崖海岸に現在を生きる植物の一つだ。ツユクサのような雑草もニガナたちのような野草もともに、地球という舞台で生きる生き方、すなわち〝生物多様性の保持〟という点に関しては何の差異もないことを、この章で見た。雑草も野草も地球環境の視点で見るかぎり、まったく等価であり、ともに地球環境の生物多様性を守る大切な植物たちなのである。人類がこの地球上で末永く、心豊かに生きるためには、野に生きる野草や雑草たちからの無言のメッセージに、人々は耳を傾けつづけていきたいと思う。

第５章

日本のキツネノボタンの祖先植物がジャワ島に生きる

氷河期に大陸から日本列島へやって来た雑草

上：山地で見るキツネノボタン（山地型）
下左：茎や葉柄に細毛が多数（山地型）
下右：水田のキツネノボタン。茎に細毛がないか少ない（水田型）

キツネノボタン（*Ranunculus silerifolius* H. Lév.）は田んぼ（おもに湿田）の水路やあぜに広く分布する雑草の一つである（**図1**）。四月には花軸を立てはじめる。五花弁の黄色い花を咲かせ、コンペイ糖のような実（集果）をつける。盛花期は春から初夏であるが、冬期を除き、ほぼ一年中だらだらと開花しつづける多年草である。一個の花は、中心部に多数のめしべを群立たせ、この外縁へ多数のおしべが立つ（**図1**右上）。

キツネノボタンが繁茂すると、水路の水の流下をさまたげ、あぜでは人の歩行を困難にすることもある。農作業にとっては、嫌われ者の草本の一つであった。しかし、水辺や湿地の小動物たちにとっては、生活環境を整え、隠れ家を提供してくれるありがたい存在でもある。

種子（瘦果《そうか》）は水に浮き、流水にのって拡散する。湿った種子は、ノネズミやイタチなどの動物の体毛、カエルやヘビなどの皮膚に付着して運ばれる。動物に

図1　田んぼの水路のキツネノボタン（矢印）。右上は花を拡大したもの

よる種子拡散の方法は、オオバコのやり方によく似ている。

日本列島での地理的分布

日本列島でのキツネノボタンの地理的分布は、南千島や北海道から南西諸島にまで及ぶ。

日本列島の各地からのキツネノボタン核型調査の結果、日本列島に生えるキツネノボタンの核型は、松山型、牟岐《むき》型、小樽《おたる》型、唐津《からつ》型の四型にまとめられることがわかってきた（**図2**）。核型を異にするキツネノボタンが日本列島を四地域に分け、たがいに独立的に分布していた（詳細は、『雑草の自然史』〈築地書館〉で紹介した）。

日本列島でのキツネノボタンの核型調査がほぼ終了した頃（一九九〇年代初期）、東南アジアの島、赤道直下のジャワ島（インドネシア）に、日本列島では秋に発芽し、翌春〜初夏に開花するキツネノボタン（現地では *Ranunculus sundaicus* スンダイカス）と呼ばれている植物が生育しているという、予期しない事実が見つかった（田村道夫 未発表）。キツネノボタンは、日本では冬に葉や茎を成長させる冬の植物だ。日本の雑草を考えるうえでは、熱帯地方の雑草の考察も大切だという事例の一つとして紹介しておきたい。

ジャワ島で発見された日本と同種のキツネノボタン

赤道直下のジャワ島に、日本列島で見るキツネノボタンと同種の植物が生えていることを発見したのは、キンポウゲ科植物研究の第一人者であった田村道夫（当時、神戸大学大学院教授）である。

「日本に生えているのと同種のキツネノボタンが、ジャワ島にも生えている」という発見は、キツネノボタンが生えていたという単なる事実確認だけに終わるものではなかった。キツネノボタンという一つの植物種が地球上に生き、壮大な進化のロマンを展開した歴史的道のりに光をともす道しるべ的発見でもあったからだ。

しかし、こうした発見への道のりは、ジャワ島に生きるスンダイカス（*R. sundaicus*〈Backer〉Eichler）が日本のキツネノボタン（*R. silerifolius*

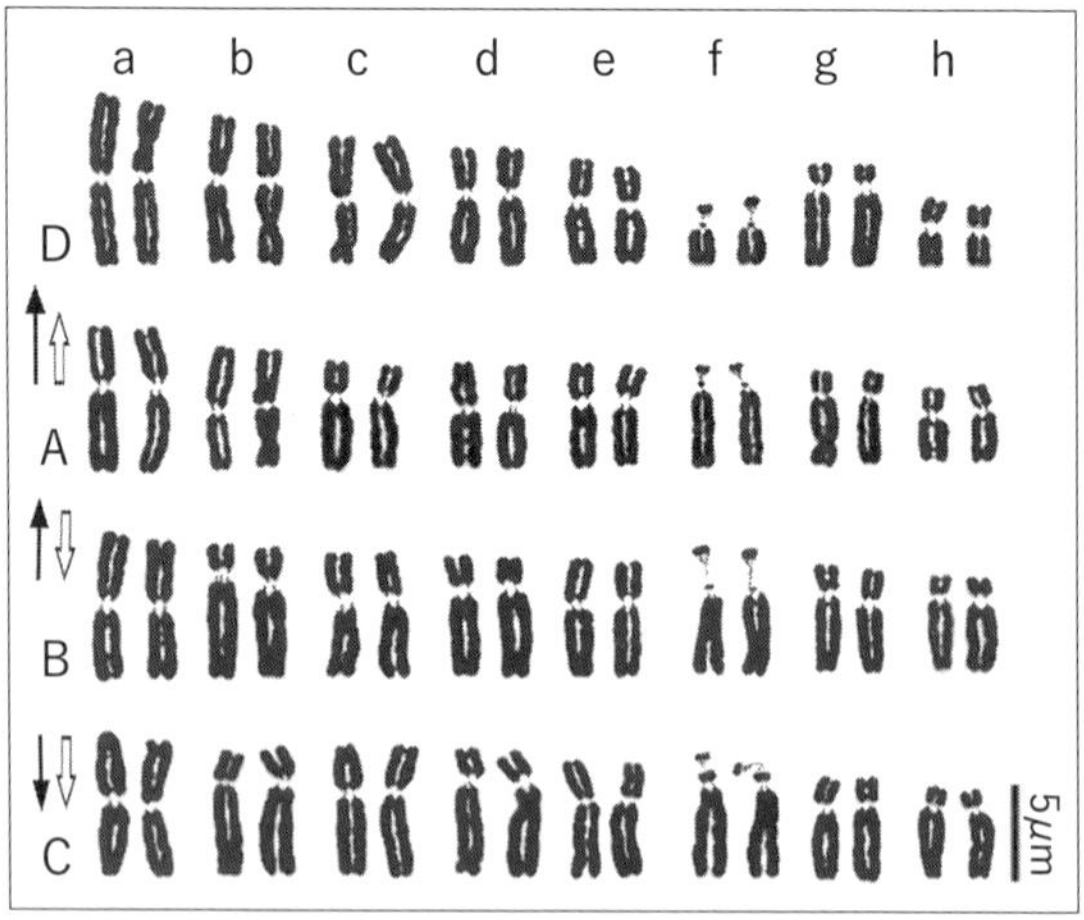

図2　キツネノボタン（日本産）の核型
A：松山型　B：牟岐型　C：小樽型　D：唐津型
白矢印は松山型（A）を、黒矢印は牟岐型（B）を祖先型にした核型分化の方向性を示す

H. Lév.）と同種異名だとする田村の慧眼と、中国大陸のキツネノボタンの核型を直接的に解析することができる研究環境づくりを行ってくれた近藤勝彦（当時、広島大学大学院教授）の努力の集積結果でもあった。

中国大陸や台湾、ジャワ島からのキツネノボタンで明らかになった事実を追加して、日本列島でのキツネノボタンの核型分化を再考察すると、日本産キツネノボタンは、側所的種分化*という理学的側面と、日本列島の雑草の起源（種分化）を探るという雑草学的側面との両面をかねた重要な草本（雑草）の一つであることもわかってきた。

ここでは前著の刊行後に明らかにできた新知見を中心にして、これまでの内容にもふれながら、キツネノボタンの種分化の足跡を簡潔に再構築しておこう。

*――母種集団の周辺へ次々に芽をふくように新しい種が誕生していく種分化の様式を「側所的種分化」という。キツネノボタンの日本列島での種分化様式は、この側所的種分化の典型事例だと指摘されている。

日本列島でのキツネノボタン四サイトタイプの地理的分布

キツネノボタンの日本列島での主な生育地は、里地にあっては水田やその周辺の水路などである。しかし、山地では里山の比較的明るい林床の湿地などにも、かなりふつうに見ることができる。日本列島には核型を異にする四つのサイトタイプ（松山型、牟岐型、小樽型、唐津型）のキツネノボタン（**図2**）が、それぞれ固有の地理的分布域をもって広がっている。

核型の異なる四型のキツネノボタンが〝地理的分布を異にして〟日本列島に生える事実の確認は、キツネノボタンの種分化を考えるうえで大変重要なことだ。なぜならば、これら四型のキツネノボタン（四サイトタイプ）はたがいに生殖的隔離を成立させていること、換言すれば、形態分類学的には同種とされながらも、キツネノボタンたちはたがいを別種類の植物だと認識し合って日本列島にそれぞれの生活圏を確立していることを意味するからである。

田んぼに生えて、抜き捨てられ、刈り取られる運命の雑草キツネノボタンが、じつは日本列島各地の自然環境に適応し、地域に密着して種を分化させて生きていたのである。

この〝核型を異にするキツネノボタンの個体間では生殖的隔離が成立している〟という事実は、四サイトタイプ間での人工雑種（正逆両交配）を作出することで、実験的に立証された。

キツネノボタンは松山型が祖先型？

では、これら四種類（サイトタイプ）のキツネノボタンは、どれが最も祖先型のキツネノボタンなのだろうか。

この課題を解くためには、中国大陸に分布するキツネノボタンの核型が明らかにならなければどうにもならない。ところが、中国大陸のキツネノボタンの情報は、一九八〇年代当時には皆無に近いものであった。とりあえずの仮説を立てておくことにした。中国からの情報が明らかになった段階で、日本列島での種分化理論は再構築すればよい。

このように開き直って、まずは日本列島での種分化仮説を立てた。ここではソハヤキ地域＊を分布域にもつ松山型か牟岐型の核型を日本列島に生きるキツネノボタンの祖先型だと仮定した。

その結果を模式的に示すと、左記のようになる。

唐津型 ↑⇑ **松山型** ↑⇓ 牟岐型 ↓⇓ 小樽型

（**図2**：白矢印は松山型を、黒矢印は牟岐型を祖先型とした核型分化の方向性を示す）

日本列島に限定して、キツネノボタンの核型分化を論じるかぎり、これで明快だ。

右記の核型分化は、〝おもに染色体の部分転座によって誘導された〟ことで説明できる。キツネノボタンの染色体構造の変化は、分子生物学的な手法（ＦＩＳＨ法）を適用して視覚化することもできた。

＊――ソハヤキ地域とは、日本の植物区系の一つで、この区系には大陸との共通種が多く見られるのが特徴。古瀬戸内河湖水系の南側で、現在の四国地方にあたる。古瀬戸内河湖水系は、現在の琵琶湖南岸から大阪湾、瀬戸内海、有明海へと流れる河川とその流域湖沼群の総称。

キツネノボタンの核型、ユーラシア大陸と台湾では異なるか？

ユーラシア大陸（中国本土）や台湾にもキツネノボタンは分布している。隣国の中国や韓国のキツネノボタンの研究は、どうなっているのだろうか？　この情報がないと、日本列島でのキツネノボタンの種分化についての正確な考察ができない。大陸からの情報がないままに、時が過ぎた。

一九九五年頃になって、中国の研究者から、キツネノボタン染色体の顕微鏡写真とともに、論文の下書きが送られてきた。写真に示す核型を牟岐型と小樽型だと判断したが、これでよいかという同定依頼である。中国大陸でもキツネノボタンの研究が始まったらしい。

朝鮮半島産キツネノボタンは唐津型

当時（一九九〇年代）は、日本列島のキツネノボタンの核型調査を終え、朝鮮半島のキツネノボタンについての調査を、韓国の研究者たちと共同で行っていた。韓国のキツネノボタンは、九州西南部や南西諸島からのものと同様に、すべて唐津型であった。他の核型をもつキツネノボタンが見つかってもよいと思うのだが、それが見つからない。

中国本土や台湾のキツネノボタン

朝鮮半島で右記の事実が明らかになってくると、台湾や中国本土からのキツネノボタンも唐津型かもしれないという気がしはじめていた。ところが〝事実は小説より奇なり〟で、台湾や中国本土からのキツネノボタンの核型はすべて、牟岐型か小樽型（小樽C型）であった。一九九〇年代には、中国の研究者たちの論文も公表されはじめた。彼らの論文でも、キツネノボタンの核型は牟岐型か小樽型であった。唐津型が見られない。唐津型は松山型と同じように、どうも地域限定（日本列島の九州西部が分布の中心）の核型のようだ。

中国本土産キツネノボタンの核型は牟岐型と小樽C型

田村道夫と近藤勝彦の好意的かつ精力的な支援のおかげで、中国本土と台湾産キツネノボタンの核型を直接的に見る機会を得た。観察できた個体数や調査地域はかなり限定的であるが、これらの核型分析の結果から、中国本土に生えるキツネノボタンの核型やその地理的分布の大まかなことが推察できるようになった。中国の研究者たちの研究結果も参考にして総合すると、中国本土や台湾に分布するキツネノボタンの核型は、次のように整理できた。

中国本土産キツネノボタン　　牟岐型と小樽型（小樽C型）の二型
台湾産キツネノボタン　　小樽型（小樽C型）

中国本土や台湾産のキツネノボタンに見られた小樽型（小樽C型）は、日本列島の小樽型からはやや変異するが、核型的には同一系統であると見てよい。小樽型には小樽型（日本型）と小樽C型（中国型）の二亜型が存在するようだ。

一方、牟岐型は日本列島産も中国本土産も核型上の差異は見られない。牟岐型キツネノボタンはユーラシア大陸（中国本土）から日本列島へと広域に分布し、しかも染色体の形態が核学的にも安定しているらしい……といったことが、しだいにわかってきた。しかし、情報量が少なすぎて、「中国本土には松山型は分布していない」という決断ができない。

スンダイカス（ジャワ島産）という雑草がやって来た

このようなことが明らかになってきている最中に、既述した予期しない事実が飛びこんできた。それが、これから述べるスンダイカスと呼ばれるジャワ島産キツネノボタンだ。

キツネノボタンの核型分析をすすめて、ちょうど右記のような研究状況のときに、田村から「*R. sundaicus*（スンダイカス）の核型を確認してほしい。しかし、この植物の核型は公表ずみである」という内容の手紙とともに、現地採集の種子が郵送されてきた。田村の研究室には染色体研究のできるすぐれた研究者がいる。手紙にあるように、核型はそのプロの研究者によって確認されているはずだ。核型を公表したとも書かれていたので、「核型を確認してほしい」というのは儀礼的な表現で、必要ならば研究材料に使ってもよいということの別表現だろうと思いながら、*R. sundaicus* の外部形態の観察と系統保存を続けて三年が過ぎた。これがジャワ島産キツネノボタンとの、最初の出会いであった。

このスンダイカスという植物が、日本産キツネノボタンの種分化を解読するためのアキレス腱的役割を果たすことになるのだが、次にそれを見ていこう。

ジャワ島に生えるキツネノボタン（牟岐型）——スンダイカス（キンポウゲ科）の染色体を見た

日本列島やユーラシア大陸（中国本土）に分布するキツネノボタンには、日本列島からの情報を中枢にして四核型（松山、牟岐、小樽、唐津）の分化が見られる。そして、ここにあげた四核型の分化を進化学的に解読するには、このジャワ島に生えているスンダイカス（*R. sundaicus*〈Backer〉Eichler）という学名をもつ植物の核型に、解明の鍵になる事実が隠れていることがわかった。それをこれから解読して、キツネノボタンの種分化の謎解きにかかろう。

ジャワ島に生えているスンダイカスと呼ばれる雑草

地球が寒冷であった第四紀の最終氷期（約七万〜二万年前）には、現在は熱帯の海になっているジャワ海やスマトラ島沖の海面は、現在よりも一二〇メートル以上も低かった。当時のスマトラ島やジャワ島は、マレー半島を介してユーラシア大陸とは陸続きであった。島々に、熱帯雨林はなかった。冷涼な気候を好むキツネノボタンが、赤道直下の南の島々へと分布を広げる自然環境は整っていた。彼らはアジア大陸（ユーラシア大陸東部）からマレー半島を南下、さらに当時は陸続きであったスマトラ島やジャワ島へもやって来ていたようだ。

最終氷期が終わり、地球の温暖化によってジャワ島に熱帯雨林が茂りはじめた。ジャワ島周辺にも海水が広がり、海になっていった。ジャワ島までやって来ていたキツネノボタンは、温暖化のすすんだ島の低地を離れ、冷涼な高地（チボダス地方：ジャカルタから南へ約六〇キロメートルに位置、標高一三〇〇〜一四〇〇メートル）へと逃れて生きた。それが現生のジャワ島産スンダイカスだと考えられる。

ジャワ島は赤道直下の島で、島の最高標高は三六七六メートル。島の西部にある高地（チボダス地方）の水路にスンダイカスと呼ばれる植物が生えている。この地方は標高が高いため気温は冷涼、現在はジャワ島内での有数な避暑地の一つでもある。

ジャワ島で今見るスンダイカスは、かつてジャワ島の低地に生えたキツネノボタンの遺留種だろう。だが、〝スンダイカスの核型がキツネノボタン牟岐型の核型に酷似している〟という核形態学上の類似性や外部形態の類似性のみで〝遺留種〟だと断定するのは早計だ。分子生物学的な検証も必要であろうが、スンダイカスの染色体とキツネノボタン牟岐型の染色体との相同性を、まずは遺伝学的に検証されねばならない。

冬の雑草キツネノボタンが赤道直下ジャワ島に生きていた

そのスンダイカスを日本（鳥取）の実験場で人工栽培した。人工栽培スンダイカスは日本産キツネノボタン（牟岐型）の外部形態に酷似した（**図3**）。現地で見る水辺での生え方も、日本産キツネノボタンの生え方に似ている（田村談）（**図1**参照）。

キンポウゲ科植物の種分化を幅広く研究してきた田村は、「スンダイカス（ジャワ島産）とキツネノボタン（日本産）との間で、両者を別種としなければならない外部形態的特徴は見当たらない」という。

強いていえば、人工栽培したスンダイカスは日本産キツネノボタンよりも茎の立性がやや強い（**図3**）。

しかし、遺伝学的視点からは、日本産キツ

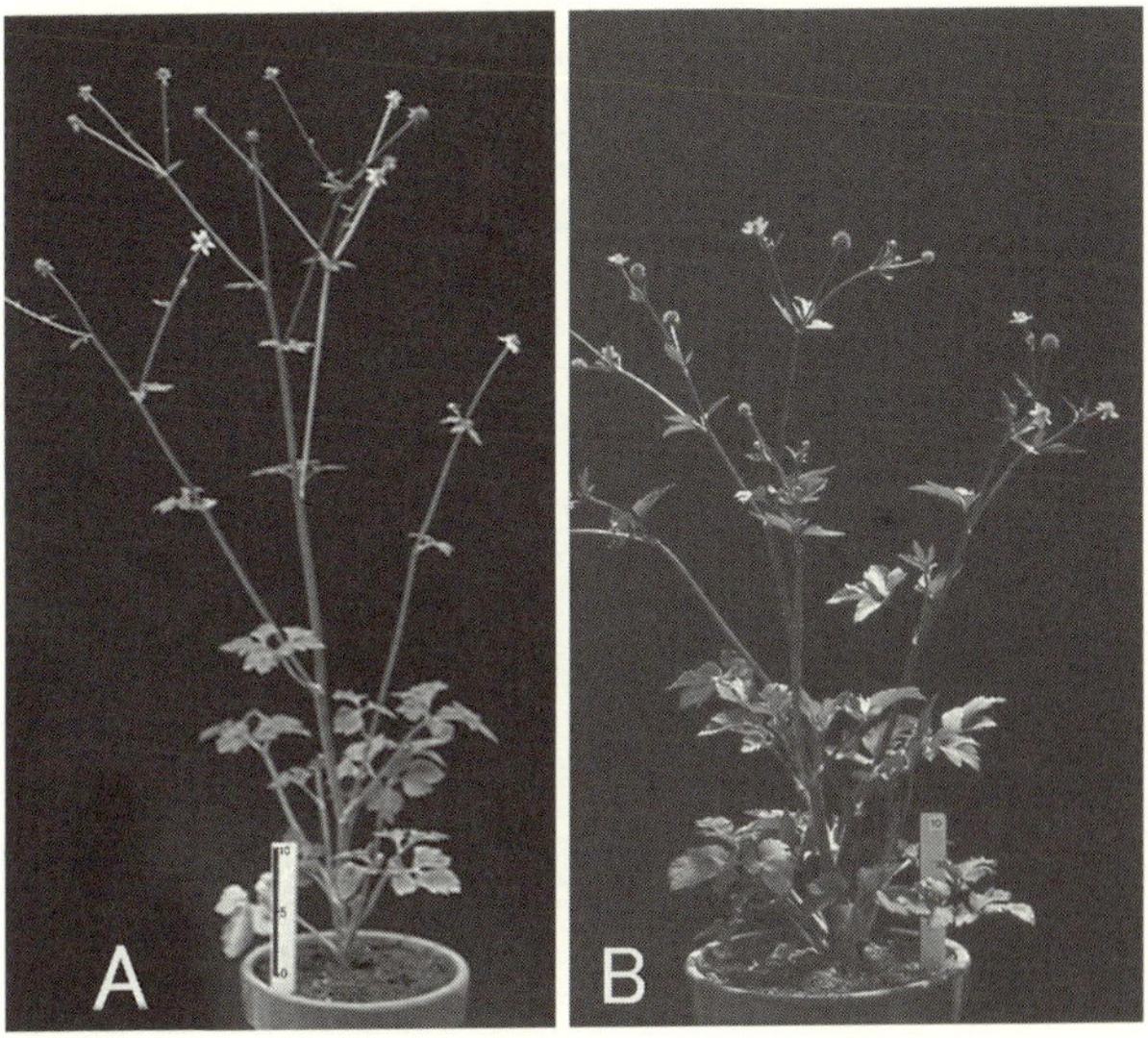

図3　グリーンハウス内で同時栽培したスンダイカス（A）とキツネノボタン（牟岐型：B）。スケール＝10cm

ネノボタンの染色体との間にどの程度の相同性があるのかが気になる。これの判断には、日本産キツネノボタン牟岐型との人工雑種をつくり、染色体の相同性を検証するのがやりやすい。

しかし最近（二〇〇〇年代）では該当植物（スンダイカス）と基本種（キツネノボタン牟岐型）との葉からDNAを抽出し、それぞれからのDNAを増幅、これを制限酵素処理後に専用のゲル上で電気泳動にかける。この泳動パターンによって種の同定（種の解析）を機械的に行う、という手法が開発された。長年のトレーニングによって修得したプロの種判定（同定）結果よりも、電気泳動パターンによって行われる機械的判定結果のほうが、市井《しせい》的には信頼性が高いようだし、近代的な説得方法でもある。何よりも、短時間で機械的に同定できるのが魅力的だ。

キツネノボタンとスンダイカスとの関係——細胞遺伝学的検証

外部形態の比較では、スンダイカスとキツネノボタンとの間に、はっきりした差異のないことがわかった。種の判断は、ここまでの作業で十分だ。しかし、ここまでの作業なら、田村のほうがはるかに高い洞察眼をもっている。私へ助力を依頼するはずがない。

分子生物学的な解析も、田村の大学での作業で十分だ。残るのは、遺伝学的な側面からの検証だ。これの手法は簡単だが、正確な結果を出すには職人的技術が必要な部分がある。田村が要求したのは、この側面からのスンダイカスの位置づけのはずだ、と我流に判断した。

スンダイカスの核型を細胞遺伝学的側面から解析し、キツネノボタンの既知の四核型との関係を遺伝学的に検証できれば、これまで宿題にしてきたキツネノボタンの種分化の難問が一気に解決できる。スンダイカスとキツネノボタン牟岐型、そして念のためにスンダイカスと松山型との間で、両種間の染色体の親和性を細胞遺伝学的に検証することにした。

具体的には、キツネノボタン牟岐型の細胞内にスンダイカスの染色体の半数セットを入れる。もう一つは、スンダイカスの細胞内へ牟岐型の染色体の半数セットを導入する（両種の人工雑種F_1をつくればよい）。このようにして、両種間の相同染色体どうしの形態学的な類似性（核学的解析）と染色体行動（減数分裂）による両種染色体群の遺伝学的な相同性（細胞遺伝学的解析）を検証していった。

結果は、スンダイカスとキツネノボタン牟岐型との間には、核学的（**図4**）にも遺伝学的にも、種を分けなくてはならないような差異が見られないことがわかった（**図5** A・B）。しかし、キツネノボタン松山型との雑種F_1では、減数分裂の染色体行動に一価染色体や小核形成が見られ

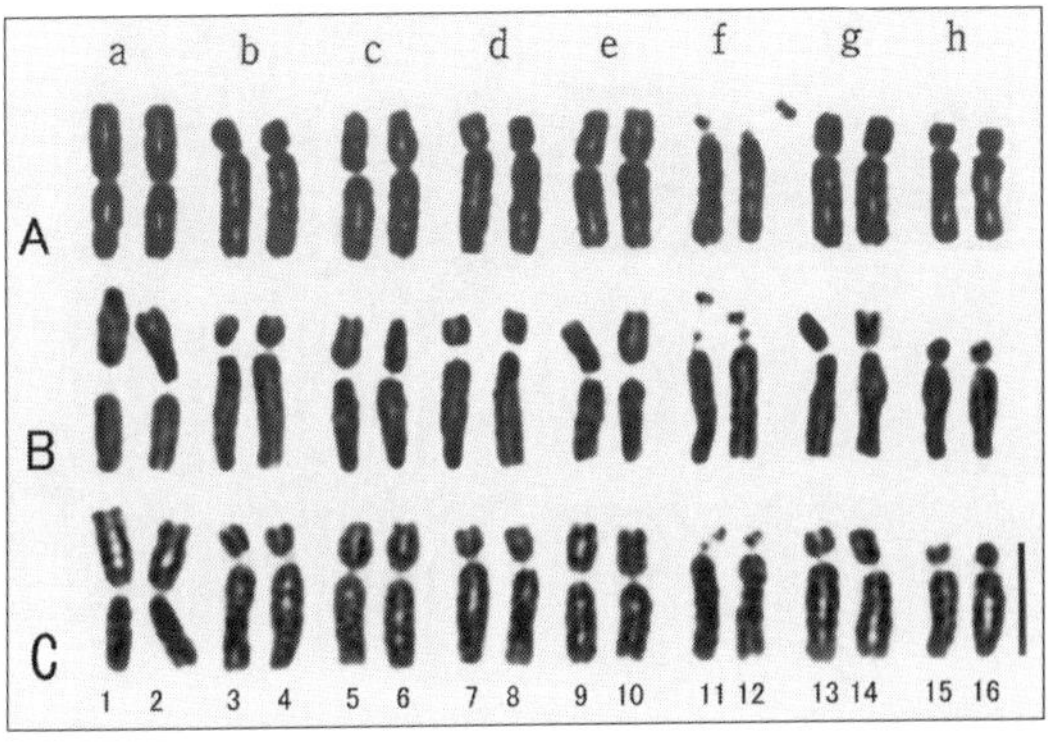

図4　キツネノボタン牟岐型（A）とスンダイカス（C）、および両者の種間雑種F_1（B）の体細胞染色体$2n=16$。スケール＝5μm

（**図5** C、矢印）、正常花粉（**図5** D、矢印）は三四・三％、種子稔性率は正逆両交配ともに四五％前後であった。

スンダイカスの染色体はキツネノボタン牟岐型と等質

ここまできて、生物地理学上の重大事が見えてきた。ジャワ島産キツネノボタンにスンダイカスという別学名を与えていた（同種異名）という分類学上の問題点も存在するのだが、そのことの指摘よりも、もっと基本的なこと、それはジャワ島産キツネノボタン（スンダイカス）の核型が牟岐型と同型・等質であり、スンダイカス（ジャワ島産）とキツネノボタン牟岐型（日本産）とは同種だという発見である。なぜなら、この発見は、

「日本列島という狭い地理的空間に閉じこめ

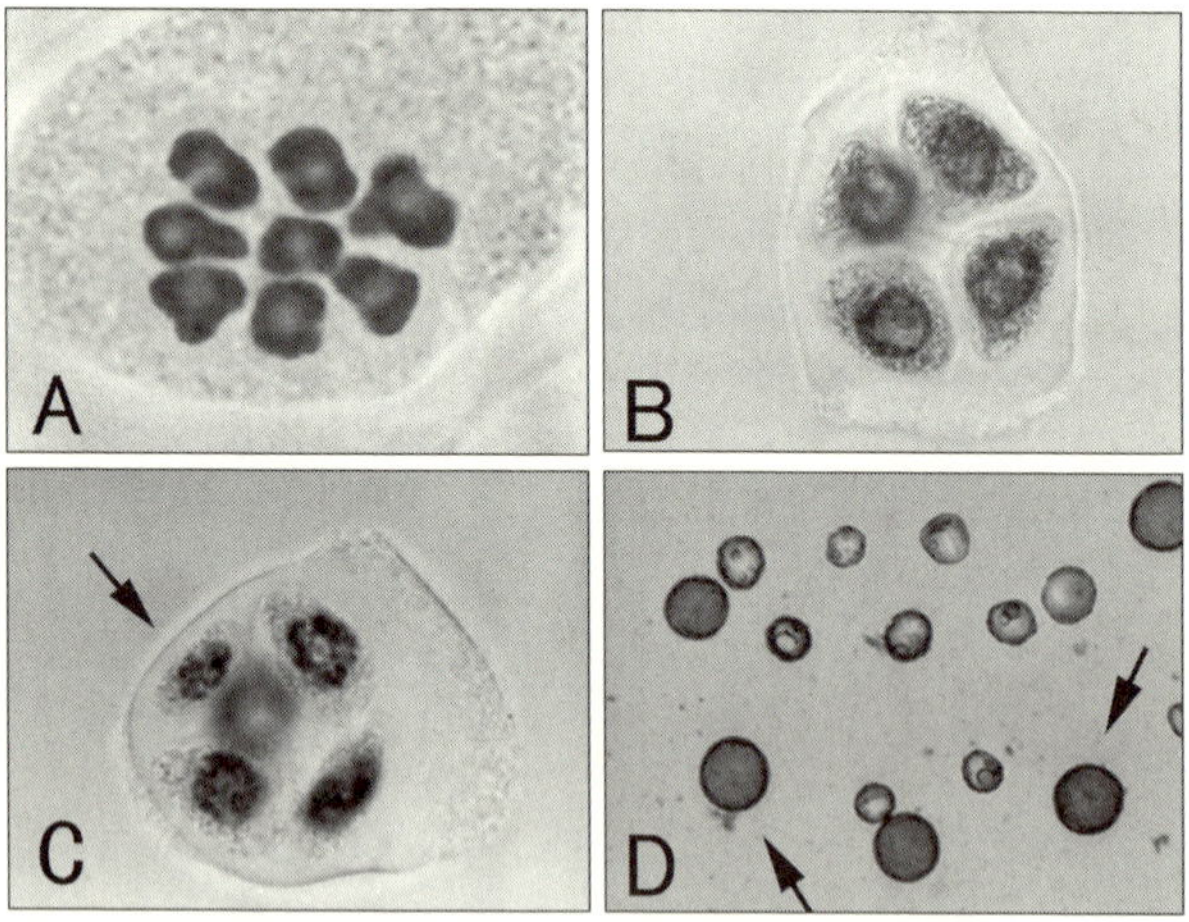

図5　減数分裂の細胞学的知見
AとB：雑種 F_1（スンダイカス×牟岐型）の正常な減数分裂
A：第一分裂中期、8個の二価染色体　B：正常な四分子細胞
CとD：雑種 F_1（スンダイカス×松山型）
C：異常核（矢印）をもつ四分子細胞　D：正常花粉（矢印）と異常小花粉

られたキツネノボタンの個体群が、中国本土も含めて、そこからさらに南下し、ジャワ島にいたるまでの広大な地理的空間に生きているキツネノボタンの個体群よりもはるかに多くの種を分化させていた」

という生物の種分化（生物進化）の核心的事実に迫る発見を内包していたからである。

換言すれば、ジャワ島産スンダイカスがキツネノボタン牟岐型であったことの確認は、種分化論の一つ「日本列島のキツネノボタンは〝跳躍的種分化〟の数少ない事例の一つ」という提案を、一つの確信にまでレベルアップする具体的事例を提供していたからである。日本列島は大陸島であるにもかかわらず、キツネノボタンの種分化に関しては海洋島的様相を展開していたのだ。

海洋島とは、海底火山が噴出、隆起し、その頂が海上へ突出して形成された島である。誕生初期の海洋島には、生物は何も存在しないはずだ。何かのチャンスで島に流れついた生き物が、そこで生きるチャンスをもってはじめて、生き物の息吹が芽生える。先住者のいない新生初期の海洋島は、ニッチはがら空きだ。今ある自然環境に適応できさえすれば、他種との生存競争を展開することなく生きることが保証される利点がある。

日本列島でのキツネノボタンの種分化を再考する

ジャワ島でのキツネノボタンの種分化の実態が明らかになり、ジャワ島にもキツネノボタン牟岐型が分布していることが明らかになった。このことによって、キツネノボタン牟岐型はジャワ島からユーラシア大陸（中国本土）、そして日本列島へと広域に分布していることがはっきりした。

こうしてやっと、日本列島でのキツネノボタンの種分化を再整理することができる条件は整った。スンダイカスの核型がキツネノボタン牟岐型であるという新事実をふまえると、日本列島産キツネノボタンの祖先型は牟岐型とするのが妥当である。

これまでの核型分化の図式の中で示した松山型の出発点を、ここで改めて左記のように牟岐型に移したい。新旧を左に図式化した（**図2**参照。矢印は種分化の方向）。

（新）唐津型　←　松山型　←　[牟岐型]　→　小樽型

（旧）唐津型　←　[松山型]　→　牟岐型　→　小樽型

右記のように、核型分化の方向性が松山型と牟岐型との間で、[松山型←牟岐型]になった。

しかし、こうした染色体の形態的変異（核型変異）は〝おもに染色体間の部分的転座によるものだ〟というこれまでの考察に変更はない。

また、日本列島での種分化の発祥は、これまでに述べてきたソハヤキ地域であろうという推論にも変更はない。

地質時代の第四紀、地球が寒冷で日本列島がまだ大陸と陸続きであった時代に、ユーラシア大陸を東南アジアから中国本土へと広域分布をしていたキツネノボタン〈牟岐型〉（**図2B**）は、当時は陸続きであった日本列島へもやって来ていた。

キツネノボタンは日本列島で跳躍的に種分化し、そして適応放散した

海洋島的な大陸島、日本列島の自然

キツネノボタンの核型は牟岐型が祖先型〈基本核型〉であることがスンダイカスの核型分析で明らかになった。そして広大なユーラシア大陸〈中国本土〉ではキツネノボタン牟岐型は小樽C型の一核型を派生したのみであった。ところが、極東の日本列島へやって来たキツネノボタン牟岐型は、陸地面積の狭矮《きょうわい》な日本列島で牟岐型を囲むようにして周辺地域へ松山型、唐津型、小樽型の三核型を同所的に派生していたのである〈同所的〈側所的〉種分化〉。

右記の種分化では、派生した新三サイトタイプ間はむろんのこと、母種（牟岐型）と新サイトタイプとの間にも同時的に生殖的隔離が成立していなければ、派生した個体群は種分化へのスタートを切れない（跳躍的種分化）*。新生した三サイトタイプ（唐津型、松山型、小樽型）は、生殖的隔離を武器にして周辺地域へと固有の地理的分布域を拡張していった（適応放散）。

館岡亜緒は、キツネノボタンの日本列島での種分化は跳躍的種分化のよい例だと、紹介した。日本列島でのキツネノボタンの核型分化の過程は、核型を異にする個体間での生殖的隔離をともなったサイトタイプ突然変異の集積でもあった。

海洋島では多種の固有種が生まれることは、よく知られた事実である。海洋島のガラパゴス諸島は固有種の多いことで有名だが、ハワイ諸島、そして小笠原諸島も海洋島として多くの固有種を抱えている。例えば、ガラパゴス諸島の固有植物であるスカレシア（キク科）には、二〇種弱の分化が知られている。海洋島では適応放散が起こりやすい。

日本列島へやって来たキツネノボタン牟岐型は、日本列島において松山型、唐津型、小樽型といった大陸の三倍にも及ぶ新しいサイトタイプを分化した。これらの新しいサイトタイプは、母種（牟岐型）が生きるソハヤキ地域を中心にして放射状に地理的分布圏を拡張していった。日本列島の自然環境は、あたかも海洋島でもあるかのようにキツネノボタンには作用したようだ。

＊――狭い地域内で変異が生じる場合、母種と変異種との間に生殖的隔離が同時的に生起することが、新しく派生した核型の個体群が系統維持をすることができる初期的条件の一つになる。

日本列島へ人類がやって来た

東南アジアのジャワ島からユーラシア大陸、そして極東の日本列島へと、その水田地帯にふつうに見られるキツネノボタン牟岐型は、ユーラシア大陸ではただ一つ小樽型（小樽C型）サイトタイプを派生したのみである。ところが、極東の狭隘な日本列島では、右記のように、松山型、唐津型、小樽型の三つのサイトタイプ、すなわち広大なユーラシア大陸の三倍のサイトタイプを分化させた。どうして日本列島で、こんなにも多様なサイトタイプの分化（種分化）が起こったのか。

日本列島は大陸島である、と書いた。日本列島が大陸から分離した時点ですでに、日本列島は大陸からの植物たちで満席であったはずだ。日本列島の創成期を通してソハヤキ地域に生きたキツネノボタン（ヤマキツネノボタン）牟岐型は、他種との生存競争にさらされつづけたはずである。そうした生育環境の中で、牟岐型は同所的に松山型を分岐した。

松山型はソハヤキ地域の中心部から西域へと分布圏を広げ、さらに西進して現在の九州本島で唐津型を分岐した。また、牟岐型は東方へ小樽型を分岐した。小樽型は東進して近畿地方から北海道へと地理的分布域を広げた。一方、牟岐型から分岐した小樽型の一部は中国山地（古瀬戸水系の北側）を西進し、現在の山口県東部あたりまで分布圏を広げていたようだ。

ここまで述べてきたようなキツネノボタンの地理的分布拡大には、人類の農耕による自然破壊を無視できない。日本列島へ人類がやって来た。人々は森を伐り、畑や棚田を開き、水を流してイネを栽培した。人による人工的水湿環境（水田）の創設である。野草たちが構成していた自然植生が人類によって破壊され、新しく構築された水田（棚田）やその周辺の人工的湿地環境は、キツネノボタン（ヤマキツネノボタン）にとってはニッチががら空きの新天地であったのかもしれない。人類の水田開発は、キツネノボタンたちを水田雑草へと変身させた。

日本列島の北部地方に適応的であった小樽型は、稲作農業の北進とともに北海道にまで分布圏を広げていったのだろう。日本列島の小樽型はおそらく、大陸や台湾に見られる小樽型（小樽C型）とは独立的に分化したはずだ。

ヤマキツネノボタン（有毛型キツネノボタン）からキツネノボタン（無毛型）への変身

人類が日本列島へやって来るまでのキツネノボタンの形態は、茎や葉柄に毛の多いヤマキツネノボタン（*R. silerifolius* var. *quelpaertensis*）型であっただろう（茎や葉柄が多毛なケキツネノボタン $2n=32$ と混同しない）。現在の山地の湿地に見るキツネノボタンのほとんどは、ヤマキツネノボタンだ。平地水田が開拓されるにつれて、新天地の水田へと進出して無毛型化したヤマキツネノボタンが、いわゆる水田雑草のキツネノボタン（*R. silerifolius* var. *silerifolius*）と呼ばれる植物である。水田開発が太平洋側よりも遅れた日本海側の水田には、今も有毛型キツネノボタン（ヤマキツネノボタン型）が太平洋側よりも多く見られる。

赤道直下のジャワ島に生きるスンダイカス（キンポウゲ科）は日本のキツネノボタンと同種であり、

その核型は牟岐型であった。ジャワ島のスンダイカスはキツネノボタン牟岐型の遺留種である。結果的に、キツネノボタン牟岐型はジャワ島から中国本土、そして日本列島へと広域的に分布をしていたことが明らかになった。日本列島のキツネノボタン四サイトタイプの祖先型は牟岐型だと結論してもよい。

キツネノボタンは、かつては日本の田んぼの水路や小川に広く分布し、除草に苦労した雑草の一つであり、水田の嫌われ者的存在であった。ところが、この五〇年ばかりのうちに、多くの地方の水田からキツネノボタンが姿を消し、数を減らしていった。

日本列島に広がる雑草キツネノボタンの種分化の過程と種の歴史性を再認識するとき、百姓仕事にとっては厄介者であったキツネノボタンも、田んぼに生えるほかの雑草たちとともに、農地の生物多様性を支えるための大切な立役者の一つであった、と考えられる。田んぼでトンボやホタル、メダカのような小動物たちが元気に生きるための生活環境を整える大切なメンバーの一員であったはずだ（**扉図**参照）。水田や畑の雑草を、東南アジアにも同種が生えていることを主な論拠にして、彼らをなべて「史前帰化植物」と一括するのは、彼らへの対応が少し短絡すぎるのではないかという気がする。この章で見てきたように、雑草が内包する種分化の歴史性を評価しなおすことで、桐谷圭治が提案するように、雑草たちを除草といった側面からのみとらえるのではなく、環境の多様性維持や種分化といった生物学的・環境科学的な側面からの配慮も必要ではないか、と提案したい。

第６章

雑草から野草に帰り咲いた植物

屋久島の矮性《わいせい》植物ヒメウマノアシガタ

系統保存中のヒメウマノアシガタ

「野草から雑草へ」という話は、耳にする。しかし、「雑草から野草へ」という話はあまり聞かない。この章では「雑草から野草へ」の事例を提供する。雑草たちがこの世で生きようとする努力の片鱗に目を向けてみよう。

屋久島は九州の南、大隅半島佐多岬から約六〇キロメートルの海上に位置する小島である。すり鉢を伏せたような島の山岳地帯（ほぼ中央に最高峰の宮之浦岳：標高一九三六メートル）に多くの固有植物が生育する。

一九九三年一二月、屋久島は世界自然遺産に登録された。屋久島は海底が隆起してできた島（海洋島）である。約六〇〇〇年前には近くの硫黄島付近から噴出した幸屋《こうや》火砕流が全島を覆い、島の植生はほぼ壊滅的になった、と考えられている。

一九二〇年代に屋久島の植生調査を行った正宗厳敬は、「屋久島の植生はあまり古くはないが、多くの固有種がある」と指摘した。正宗が指摘するように、屋久島の固有種は早くから注目されてはいた。しかし、その由来の理学的研究が行われたのは、一九八〇年代になってからである。

キンポウゲ科の固有種には、矮性のヒメキツネノボタンとヒメウマノアシガタの二種が見られる。ヒメウマノアシガタと類縁なヒメキツネノボタン（屋久島固有種）の核型は唐津《からつ》型を示し、この固有種は九州地方の田んぼに多く見られるキツネノボタン（唐津型）と呼ばれる雑草から分化した矮性植物（野草）である。

固有種の種分化

種分化の方法論には、いろいろな側面からの提案があるのだが、キツネノボタンという雑草に見つかった四型（唐津型、松山型、牟岐《むき》型、小樽《おたる》型）の分化は、跳躍的種分化のよい事例だといわれている。すなわち、新しく誕生した種《しゅ》（サイトタイプ）は、誕生と同時に母種との間に生殖的隔離を成立させた。この事例は、〝同所的（側所的）種分化〟ともいわれ、これは雑草から雑草が誕生（分化）した事例の一つでもある。

屋久島の固有種は母種との間に生殖的隔離が成立していない

ヒメキツネノボタンを母種であるキツネノボタン唐津型と同居させると、両者間で簡単に自然雑種をつくってしまう。これでは、母種が生える九州本土では、ヒメキツネノボタンは種として独立して生きていけない。

なぜなら、九州本土の田んぼには、ごくふつうにキツネノボタン唐津型が雑草として自生している。そんなところにヒメキツネノボタンが紛れこめば、生活力の強いキツネノボタン唐津型の花粉提供を受ける。ヒメキツネノボタンは種子繁殖を通して、キツネノボタン唐津型の遺伝子に汚染され、またたくまにキツネノボタン化してしまう（遺伝子浸透）。ヒメキツネノボタンは九州本土では野生で生きて、種を維持していくことは不可能だ。

ヒメキツネノボタン（屋久島）の種分化と存続は、母種のキツネノボタン唐津型が生育していない屋久島の山岳地帯、すなわち九州本土からは隔絶された場所での〝地理的隔離〟という物理的条件下でのみ成立している生物現象である。

これは屋久島の固有種を見ていくうえで、基本的に大切な事項といえる。固有種を系統保存したり、現地で保護活動をする際の重要な基本的視点の一つになる。このことを裏から見ると、地球の温暖化や島の観光化が加速すると、屋久島の固有種は自然消滅する危険性のあることを示唆している。

ヒメウマノアシガタの誕生

さて、ヒメウマノアシガタは、どんな方法で母種のウマノアシガタから誕生し、屋久島で種を維持しているのだろう（**扉図、図1**）。ヒメウマノアシガタの誕

図1　外部形態の比較
左から、ヒメウマノアシガタ、F_1（ヒメ×ウマ）、F_1（ウマ×ヒメ）、ウマノアシガタ。
スケール＝10cm

生の道筋を知ることで、私たちは屋久島という世界遺産の島の大切さを、より深く実感することができるだろう。また、固有種たちを保全する道筋も自ずと見えてくる。そのことは同時に、ヒメウマノアシガタの種分化という生物現象を通して雑草たちを、これまでとは違った側面から見る目が開けることを意味する。

さて、これから話題にする屋久島の固有種ヒメウマノアシガタ（キンポウゲ科、野草）と母種のウマノアシガタ（キンポウゲ科、雑草）とは、生物学的にどんな関係にあるのだろう。結論から先に示せば、両者の生殖的隔離は単に地理学的なものであって、生理学的レベルのものではない。さらに、自然界では野草から雑草への種分化のほかに、雑草から野草への復帰もあり得ることを物語っている。こうした事実を、私たちに目視で示してくれている事例の一つが、このヒメウマノアシガタの種分化である。

ヒメウマノアシガタの種分化

ヒメウマノアシガタをはじめ屋久島の固有種（野生種）たちと、つかず離れずの関係を保ちながら楽しく付き合っていくためには、彼らをよく理解することにつきる。理解の仕方にはいろいろあるが、ここでは日常性とは少し違った側面から彼らを眺めてみることにしよう。

ヒメウマノアシガタとウマノアシガタ

ヒメウマノアシガタ（*Ranunculus yakushimensis*〈Makino〉Masam.）とウマノアシガタ（*R. japonicus* Thunb. var. *Japonicus*）の分類学的な位置づけは、この学名が示すように、別種の関係におかれている。植物分類学のプロが研究した結果は、学名に表現される。

分類学者たちの研究した分類学からの知識や理解が必要なときは、プロの研究者の意見を素直に学ぶのがよい。しかし、ここではヒメウマノアシガタの起源を探ることが目的の一つだから、「この二つの植物は、たがいに別種」と教示されても、素直に納得するのはしばらく保留にしておきたい。

外部形態の比較

まず、ウマノアシガタとヒメウマノアシガタ、および両者の雑種の外部形態の確認は、実験圃場《ほじょう》の栽培環境を均一にしておいて、同時栽培で彼らの形質や形態の比較をするという作業から始めたい（このとき、実験植物を安易に破棄しない。周辺の自然環境が実験植物の遺伝子汚染を受ける可能性があることに配慮する）。結果を**図1**と**図2**に示したので、参考にしながら以下を見ていこう。

平地に生きるウマノアシガタ（**図1**右）は、草体が大形（茎長三〇〜六五センチメートル）で、茎はほぼ直上。これに対しヒメウマノアシガタ（**図1**左、**扉図**）は屋久島の自生地で観察した形態とほぼ同様に、平地（鳥取市）で人工栽培しても草体は矮性（茎長七・九±一・五センチメートル）を示した。地上茎は匍匐《ほふく》し、花茎《かけい》の先端は斜上した。したがって、ヒメウマノアシガタの矮性と匍匐性は遺伝的なものであることがわかる。屋久島の自然環境によってウマノアシガタが小型化していたのではない。

葉形にネオテニーを見た

成長したウマノアシガタの根出《こんしゅつ》葉《よう》の形態は個体間での変異が大きい。**図2**のA型とB型に二大別できる。本葉が二～四枚の若い個体（**図2** D）の根出葉は両種ともに深裂のない円形（幼形型）であり、ヒメウマ

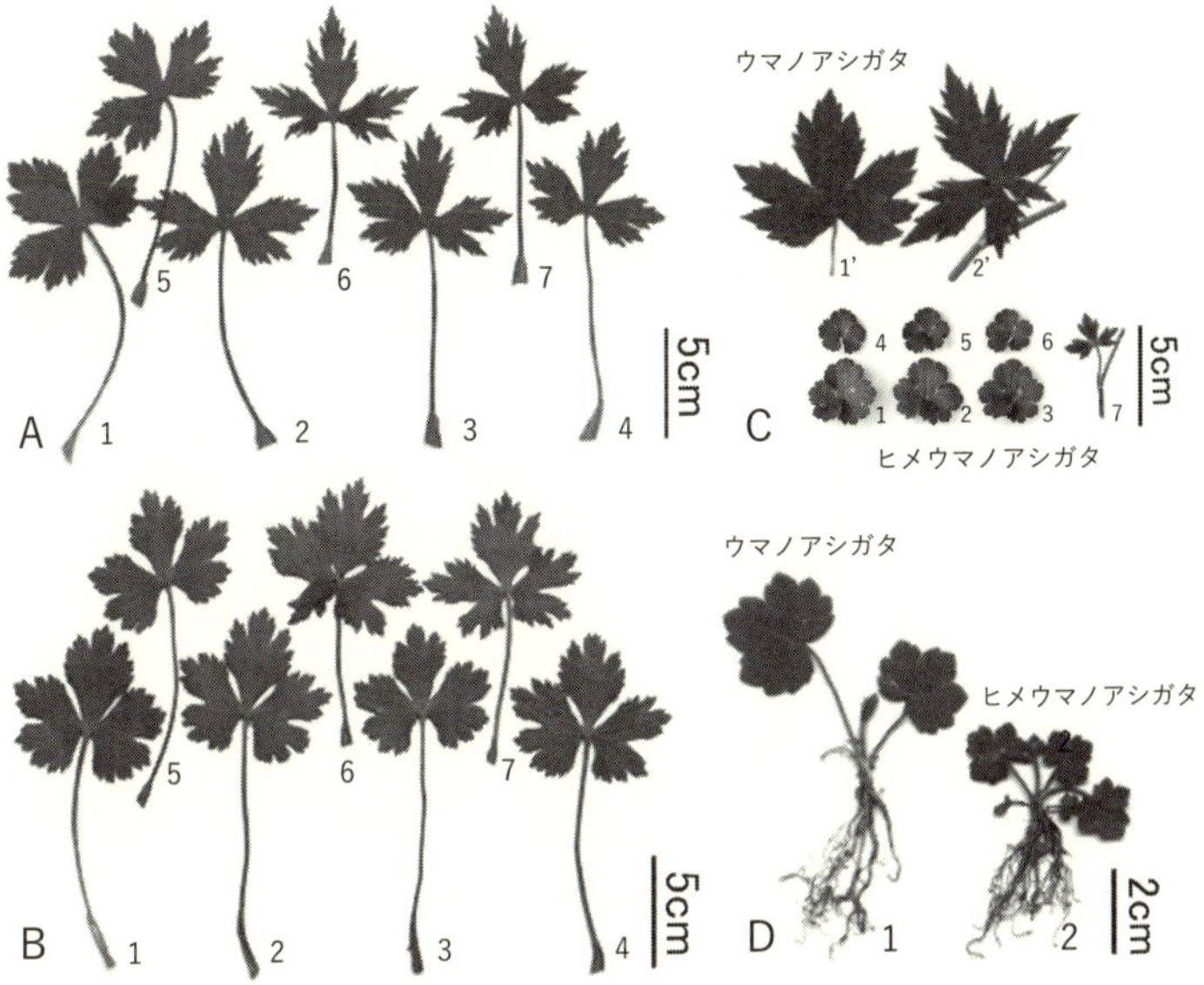

図2　根出葉（ウマノアシガタ）2型
A：三角型　B：円型（番号は下位1から上位7へ）
C：葉形。1’と1～6は根出葉、2’と7は茎葉
D：幼体の葉

ノアシガタとウマノアシガタの葉形（幼葉）は互いに酷似した。**図2**Cは成長個体の根出葉（1'と1～6）と茎葉（2'と7）である。

成長した個体のウマノアシガタでは、根出葉（C1'）と茎葉（C2'）の葉身の形態的な違いがはっきりしており、ともに幼葉の形態とは異なっている。

ところが、ヒメウマノアシガタの根出葉（C1～C6）は成長後も幼い形態を示したままだ（ネオテニー*）。このネオテニーがヒメウマノアシガタの進化にどんな役割を演じているのかは、よくわからない。

*――成長個体の一部または全体が幼体の形質を残存させている現象をネオテニーという。動物学用語であるが、ここへ転用した。

図3　花
A：ウマノアシガタ　B：ヒメウマノアシガタ
苞（苞葉）外面に多数の斜上毛
1～2：スケール＝5mm　3：スケール＝10mm

表1　外部形態の比較

形質	ヒメウマノアシガタ	F_1（ヒメ×ウマ）	F_1（ウマ×ヒメ）	ウマノアシガタ
茎長（cm）	7.9±1.5	11.6±2.6	10.3±3.8	49.2±5.4
花茎長（cm）	5.4±0.9	9.2±2.4	6.4±3.4	15.8±6.3
花色／花径（mm）	黄／15.4±1.5	黄／18.6±1.9	黄／18.8±1.6	黄／22.8±4.2
茎の形態	匍匐　中実	直立　中空	直立　中空	直立　中空
痩果稔性（%）	62.1±13.6	33.3±6.1	32.2±6.7	89.4±4.1

花期を比較する

図3は花の外部形態である。

ヒメウマノアシガタの花にはがく片の外面に斜上毛がたくさん生えている（**図3**のB3）。**図3**には示していないが、ウマノアシガタの花軸は水道管のように中空、一方ヒメウマノアシガタは中実（中空ではない）、雑種F_1は中空である（**表1**）。

花期は植物を仕分ける大切な目安の一つになる。

ウマノアシガタとヒメウマノアシガタの花期はどうなのか。ヒメウマノアシガタの花期は八〜九月、あるいは七〜八月だという。私は七月に、屋久島でヒメウマノアシガタの花を見た（花之江河、一九八三年七月二四日）。

鳥取での同所同時栽培の人工栽培個体では、花期はどうなるのだろう。ウマノアシガタもヒメウマノアシガタもともに四〜五月に集中的に開花した。両種とも同時期での開花だ。三年連続して毎回、四〜五月の集中開花が確認できた。彼らの遺伝子は、四〜五月開花を指示したと考えてまちがいない。

ウマノアシガタとヒメウマノアシガタの両者の花期には、遺伝学的な差異のないことがわかった。

ただし、ヒメウマノアシガタは集中開花後も、一一月中旬頃まで、だらだらと少数の花を開花しつづけた。両種のF_1雑種の花期は四〜五月に集中しているが、六〜七月まで開花が散見された。

細胞遺伝学的な視点から

種が異なるとされる二種の間で子が生まれるかどうかは、種を分ける大切な目安の一つだ。二種間での染色体の形態的な違い（核型分化）も、重要な目安になる。この面での知見を少し見てみよう。最近では遺伝子解析という技法もある。

体細胞で染色体を見る

染色体は遺伝子の集合体だ。検証している植物間で染色体の形態に何らかの差異が見つかると、要注意である。ヒメウマノアシガタの分裂中期染色体の形態（核型）はウマノアシガタの染色体の形態（図4D）に類似していた。

次に、二つの植物がもつ染色体を一つの同一細胞の中へ同居させて、染色体の形態比較をすると、異種の染色体間に形態的な違いが生じることがある。

別種植物の染色体を一つの細胞内に同居させるには、両種間の雑種（種間雑種）をつくればよい。

ヒメウマノアシガタにウマノアシガタを交配すると、ヒメウマノアシガタの細胞内へウマノアシガタの染色体の半数組が入る。

両種の染色体を一つの細胞内に同居させて形態比較をしてみたが、両者の染色体の形態に可視的差異は見られなかった。両種の染色体の形態（核型）は、種間で類似性（相同性）の高いことがわかった。

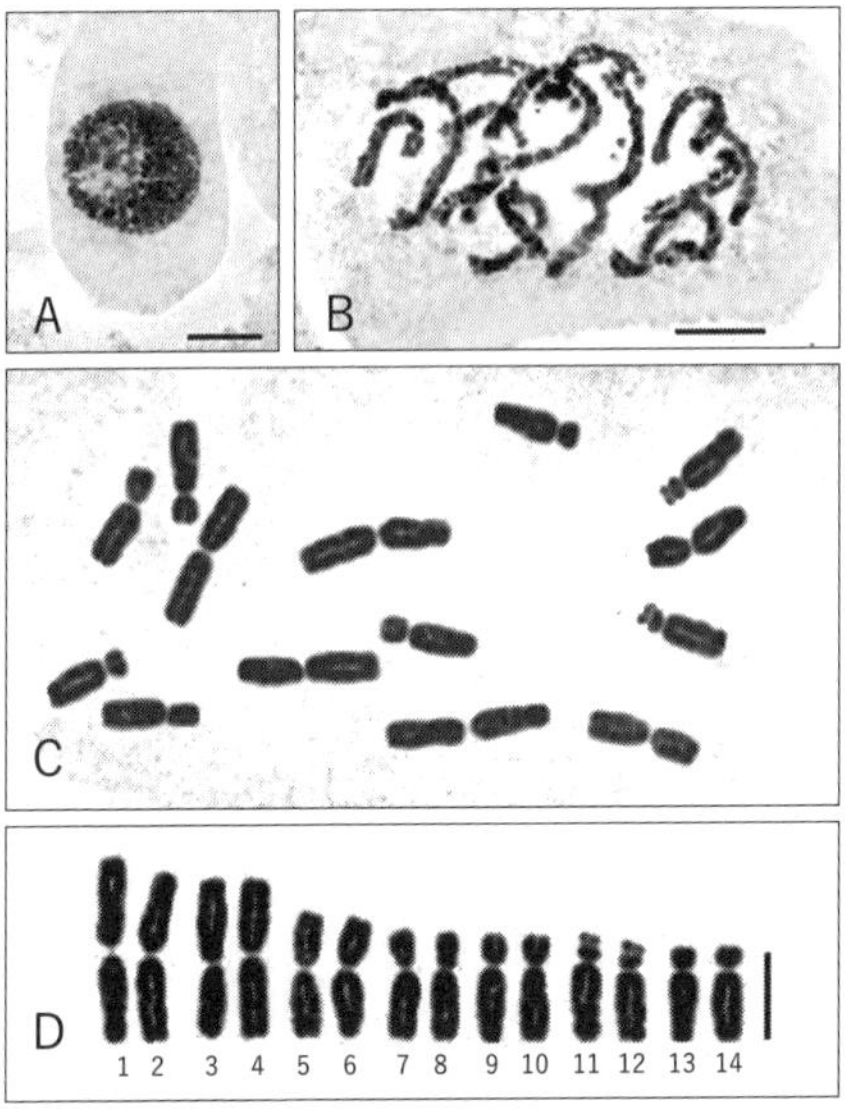

図 4　体細胞分裂で見られる核の形態変化
A：静止核
B：核分裂前期
C～D：分裂中期染色体
D：分裂中期染色体を長さの順に配列（核型図）。
相同染色体が 2 個ずつ存在
すべてウマノアシガタの染色体
スケール＝5μm

染色体の遺伝学的相同性

両種の核型の類似性が高いことはわかったのだが、このことが直ちに両種の遺伝学的な類似性の高さを容認するものではない。せっかく両種の種間雑種をつくったのだ。F_1雑種の減数分裂を観察して、同一細胞内で両種染色体の行動を比較・観察してみよう。

結果的に、F_1個体の減数分裂でも異種の相同染色体間での染色体行動に異常は見られない（**図5**）。両種の染色体は形ばかりでなく、質的にも相同性が高いことがわかった。

しかし、雑種F_1の減数分裂終期で、まれに小核が観察された（**図

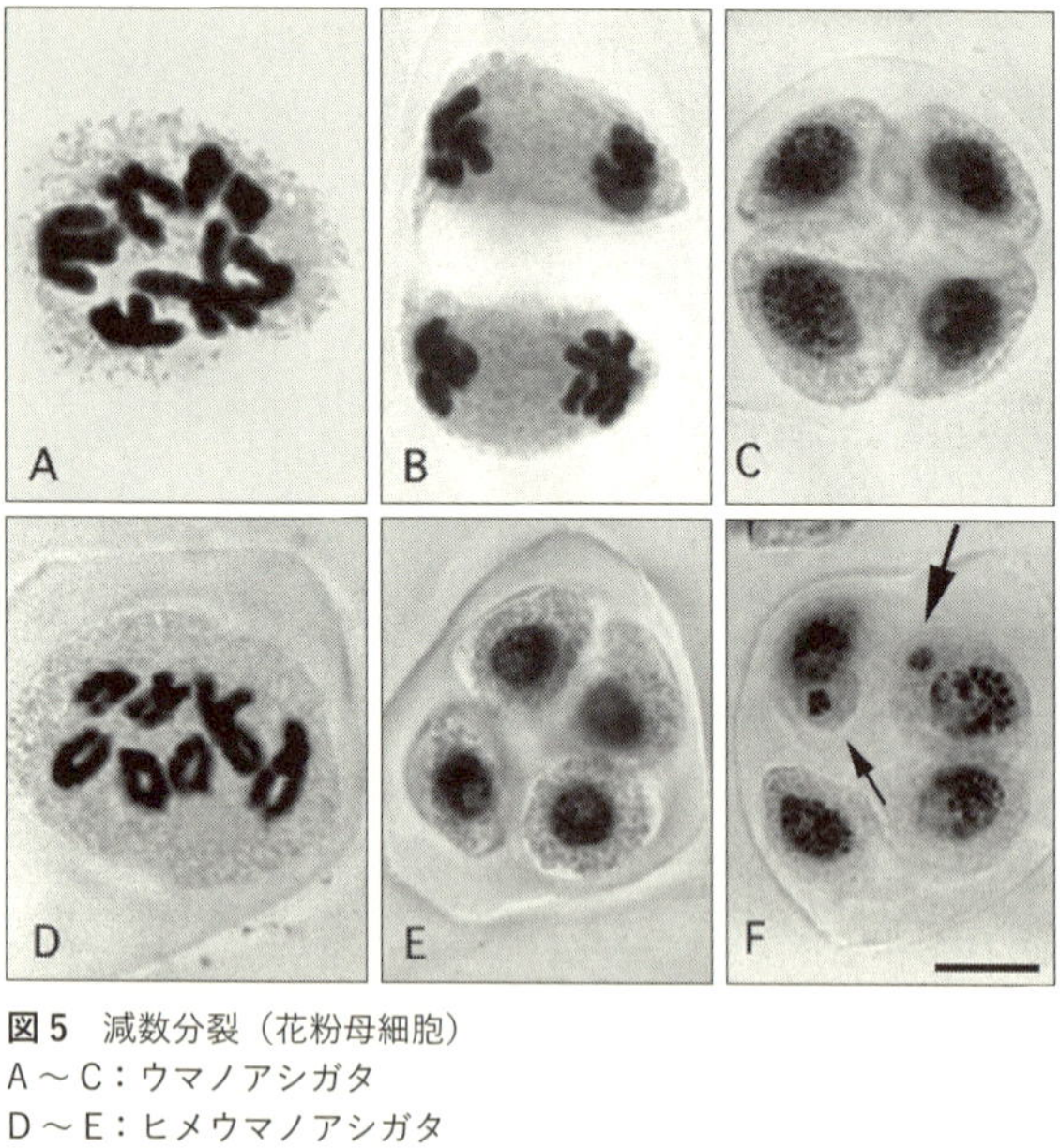

図5　減数分裂（花粉母細胞）
A～C：ウマノアシガタ
D～E：ヒメウマノアシガタ
F：二種の雑種 F_1
AとD：第1分裂中期、7個の二価染色体、B：第2分裂後期
CとE：四分子細胞（正常）、F：四分子細胞と2小核細胞（矢印）
スケール＝10μm

5F、矢印)。小核が形成された原因はよくわからない。

ウマノアシガタとヒメウマノアシガタの関係——屋久島での種分化

以上のように、ヒメウマノアシガタとウマノアシガタの種間雑種をつくって比較検討をしてみると、野外観察とは違った両植物の新しい側面が見えてきた。両種の染色体は、両種を別種としなければならないほどの差異をもたない。

また、実験圃場でウマノアシガタとヒメウマノアシガタとを、同じ場所で同時栽培すると、両者の自然雑種ができた。両者間の生殖的な隔離は、雑種形成を阻害するほどに堅牢なものでないこともわかった。

ヒメウマノアシガタは現在、屋久島の高地のみで見つかり(地理的分布が限定的)、屋久島の固有種だとされている。両種の日本列島での地理的分布や遺伝学的検証から、ヒメウマノアシガタは屋久島の山岳地帯でウマノアシガタから種分化をしたとするのが最も妥当なようだ。

屋久島の植生は、約六〇〇〇年前に鬼界《きかい》カルデラから噴出した幸屋火砕流で、ほぼ壊滅したと考えられている。

その後、縄文海進の時代に屋久島の植生は徐々に自然回復をしたらしい。この時代は現在よりも気温は三℃ばかり高かった。ウマノアシガタもほかの荒地植物とともに、現在の屋久島の森林帯よりも標高の高い山頂近くにまで分布圏を広げることができたであろう。

弥生期に入り、日本列島の気温は低下してくる。この気温が低下してくる時期に、高地に進出していたウマノアシガタから現生のヒメウマノアシガタの祖先植物が分化したのだろう。現在は、屋久島の低地の農地周辺にウマノアシガタが分布する。ヒメウマノアシガタの分布域でウマノアシガタを見ることはない。

現在は、屋久島の山岳の高地を低地から隔絶するかのように環状に森林帯が広がる。この森林帯によって、ヒメウマノアシガタ（山岳地）とウマノアシガタ（里地）は山岳地と里地とに分断されて分布している。屋久島山岳地の低温と森林帯がウマノアシガタの高地への侵入を阻止し、ヒメウマノアシガタとウマノアシガタとの異所的分布の成立を助け、結果的に二種間に生殖的隔離を成立させている。

ヒメウマノアシガタとウマノアシガタの関係に類似した生物学的事象は、屋久島の固有種ヒメキツネノボタンの種分化にも見ることができる。ヒメキツネノボタンとキツネノボタン（唐津型）との間には生殖的隔離が認められない。ヒメキツネノボタンは草体の著しい矮性化と茎の斜上性とによって（第2章**図12**）、キツネノボタンと異なることは一目瞭然である。

ヒメキツネノボタンの母種であるキツネノボタン唐津型は、九州本島西部から朝鮮半島南部に連続して分布している。しかし、日本列島のキツネノボタンの個体群は、日本列島内で地理的分布を異にする四つのサイトタイプ（唐津型、松山型、牟岐型、小樽型）に分化していた。これら四サイトタイプの外部形態はたがいに類似していて、外部形態から、彼らを分別することはできない。キツネノボタンのこの事例は、染色体の形態的変化（核型変化）などによって生殖的隔離が成立している二種間では、たがいに連続した地理的分布が可能であることを示唆している。しかし、遺伝的な側面からの生殖的隔離が成立していないウマノアシガタとヒメウマノアシガタとの関係のような事例では、地理的または生態的な隔離が介在することで、両者間に生殖的隔離が成立する。

さて、ヒメウマノアシガタとウマノアシガタとは外部形態によって、迷うことなく両者を分別できる（**図1**）。しかし両者は、たがいに酷似した核型をもち、生理的な生殖的隔離は未成立のままだ。ヒメキツネノボタンやヒメウマノアシガタの事例から判断して、種分化の過程で起こる外部形態的な分化に対しては、生理的な生殖的隔離よりも地理的隔離（異所的分布）に起因する生殖的隔離のほうが効果的かもしれない。

さらにこの章で、特筆すべき一つの事実を確認できた。右記したように〝雑草から野草への復帰もあり得る〟という事実である。このことは、地球環境を支える植物たちに対して、野草だとか雑草だとかといった人間の価値判断を不用意に適用すべきではないという哲学に連動する事実の確認でもあるからだ。このことに関して、最近になって、『外来種のウソ・ホントを科学する』という啓蒙書が出版された。一読に値すると思う。

第７章

踏みあと群落の代表種、スズメノカタビラ

公園でサクラの花びらを受けて実るスズメノカタビラ

スズメノカタビラとはどんな植物か

カタビラとは、単衣《ひとえ》の着物の総称だ。帷子と書く。スズメノカタビラは、スズメが着る一重の着物という意なのだろうか。しかし、スズメが帷子着物を着て、田んぼの上を飛びまわる姿はユーモアたっぷりだ。

〝スズメ〟には、〝イヌ〟という接頭語が植物名に多くつけられていることと似て、〝役に立たない〟という意が含まれているのかもしれない。

それにしても、スズメノカタビラとは、なんとも優雅な名だ。日本人のご祖先たちは、ものの役に立たない、いや人にとっては迷惑な雑草たちにも、やさしいまなざしを注いで、彼らを見ていたのであろうか。

どこにでも見られる雑草、スズメノカタビラ

スズメノカタビラ（*Poa annua* L. var. *annua*）は**図1**左に示

図1　草形。左：スズメノカタビラ　中：雑種　右：ツクシスズメノカタビラ

すように、ふつうは草丈は一〇センチメートルそこその雑草だ。道ばた、運動場や公園の片隅、家庭の庭。どこにでも、日常的にいたってふつうに見ることができる。

人の踏みあとを選び、そうした場所を自ら好んで生えるかのような生き方をしていることもある。スズメノカタビラは〝踏みあと群落〟を構成する有力メンバーの一つである。同じ場所に生えていても、踏み圧のかかり具合で草丈のサイズはさまざまである（**図2**）。

ある日、左記のような内容の文章がインターネット上に掲載されていた（要約）。

「一〇〇坪ばかりの芝生の庭に、スズメノカタビラ（という雑草）が生えて困っています。抜いても抜いても追いつかず、気の遠くなるような思いです」

この相談ごとへ、多くの人たちからの助言が寄せられた。そのほとんどが除草剤の紹介に終始した内容だった。

ところが、こうした多くの助言の最後の一件に、次のようなものがあった。

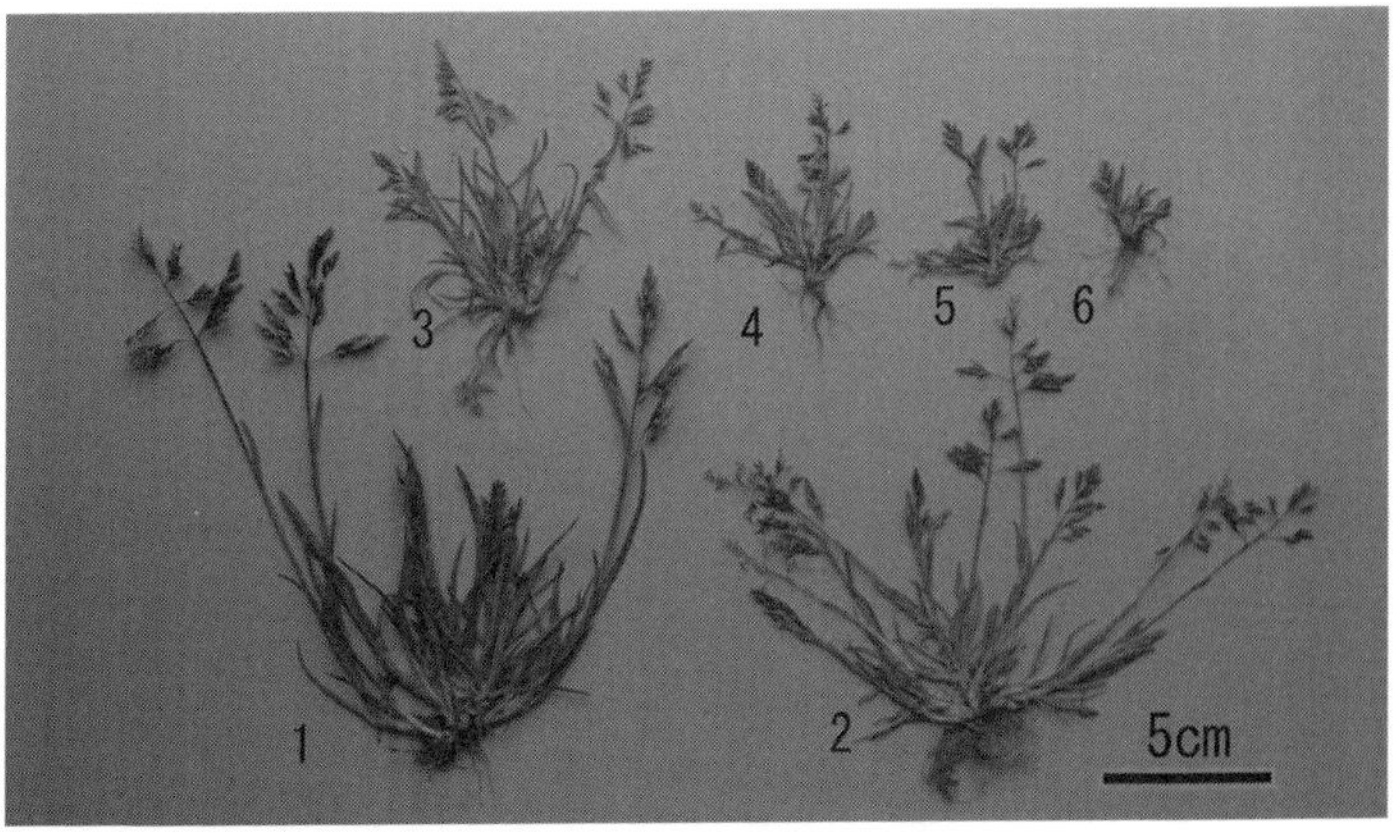

図2　踏みあと群落（2.0×1.5m）のスズメノカタビラたち
サイズはさまざまだ

「そんなにスズメノカタビラを気にしなくてもよろしいのでは？　雑草といっしょに田舎の自然を楽しみましょう」

この最後の一文を読みながら、曳地トシらの言葉が脳裏に蘇ってきた。

「……（雑草は）直接人間の役に立たないものであっても、私たちはやっぱり雑草に生えてきてほしいと思う。……生態系を豊かにしてくれている大切な仲間だと思えるからだ」

雑草たちを大切な仲間だといってくれる人がいた。

図2の標本を見ていただきたい。農道の一隅（二・〇×一・五メートル）に生えたスズメノカタビラたちだ。草丈の大きい個体（1〜2）は農道の端部に生えて踏み圧のあまりかからないままに成長した個体、小さい個体（4〜6）は踏み圧をたくさん受けた個体、3はその中間である。踏み圧の大きさに比例するかのように草体は小さくなっている。しかし、どの個体もりっぱに種子を実らせ、それぞれの生えた場所で精一杯に生きていた。

よく似ているツクシスズメノカタビラ

スズメノカタビラは、冬の雑草である。一二月末頃にぽつぽつと開花しはじめ、早春の三月に結実して、種子を散らす（四国・中国地方での観察）。

図1右も、一般にはスズメノカタビラとされることが多い。水田の湿った土に群れて生える。四国や中国地方の水田やその周辺では、**図1**右のような形態のスズメノカタビラばかりといった地域もあ

る。しかし、正しくは〝ツクシスズメノカタビラ〟で、スズメノカタビラではない。

このツクシスズメノカタビラの存在に最初に気づいたのは、熊本県在住の植物愛好家、前原勘次郎である。一九二〇年頃のことだ。

前原から送られてきた標本を見た本田正次は、和名をツクシスズメノカタビラ（新称）、学名を *P. crassinervis* HONDA として植物学雑誌四〇巻（一九二六年）に新種として発表した。本文はラテン語であるが、本田は和文で左記のような解説をつけた。

「つくしすずめのかたびら（新称）

すずめのかたびらニ一番近イモノデアルガ、護頴ノ脈ガ太クナク、絹糸状ノ毛ヲ密生シテ居ルノデ直グ区別サレル。好ンデ水田濕潤ノ地ニ生ジ、肥後ノ南部ニ於テ前原勘次郎氏ノ採ル所デアル。」

しかし、ツクシスズメノカタビラは植物愛好家の間でも、あまり注目されることはなかった。一九八七年になって、館岡亜緒のツクシスズメノカタビラに関する和文による詳細な研究報告が出版され、ツクシスズメノカタビラ（**図1**右）はやっと広く認知されるようになる。**図3**に示すよう

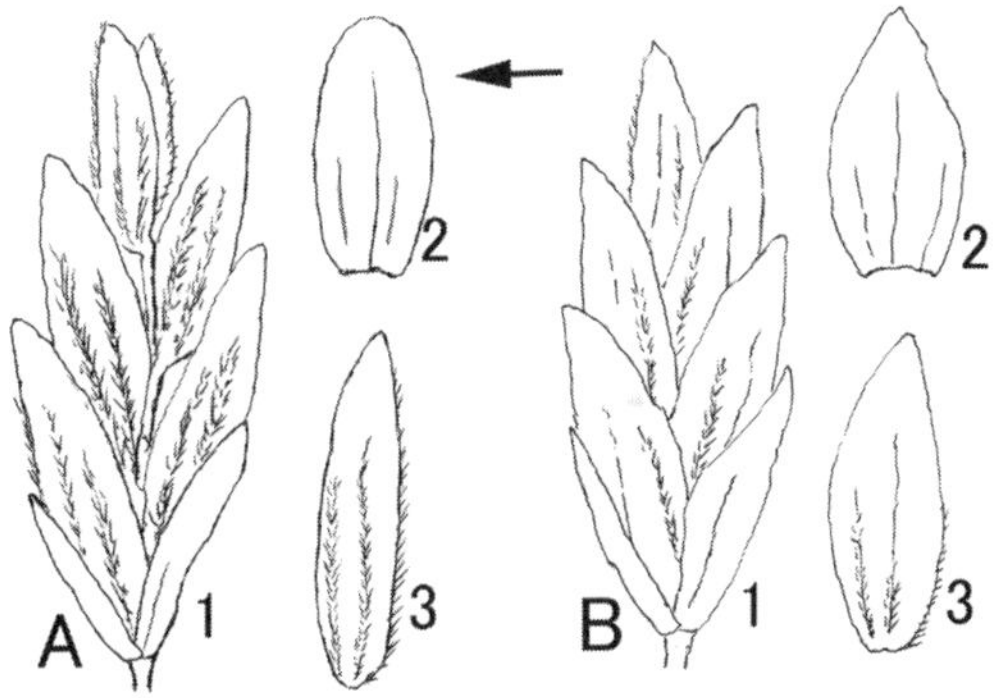

図3　ツクシスズメノカタビラ（A）とスズメノカタビラ（B）との識別
1：小穂、2：包頴、3：外頴（館岡 1987 より転載）

に、ツクシスズメノカタビラは外穎《がいえい》の葉脈にそって多数の軟毛が見られ（A3）、包穎《ほうえい》の先端が鈍頭である（A2、矢印）。一方、スズメノカタビラのそれは尖頭（B2）である。

両種の分布

スズメノカタビラは公園や運動場、道路わきといった、乾燥した場所に多いが、ツクシスズメノカタビラはどちらかといえば、起耕前の多湿な水田に多出する（**図4**）。しかし、北九州や中国地方の水田には、スズメノカタビラとツクシスズメノカタビラの両種が混生することが多い。

さらに厄介なことに、両種の中間的な形態の個体が存在する（**図1**中）。スズメノカタビラとツクシスズメノカタビラの種間雑種だ。こうした個体は、種子をほとんどつけない。

さらに、スズメノカタビラとツクシスズメノカタビラが同所的に生育しても、二種間での種間競争はほとんど見られない。共存が可能なようだ。

ツクシスズメノカタビラの地理的分布は、九州から四国、

図4　ツクシスズメノカタビラは起耕前の多湿な水田に多出する

中国地方である。岡山や鳥取では、起耕前の水田に広くツクシスズメノカタビラが広がり(**図4**)、スズメノカタビラを見ない事例に出会うこともある。

外来種のツルスズメノカタビラが生える

多年草のスズメノカタビラ

スズメノカタビラは冬から早春にかけて登芯・開花し、種子をつける。種子が実ると植物体は枯れる。種子は土に落ちて休眠し、秋に発芽する。親植物が行ったのと同じように冬から早春に登芯、開花・結実して草の生涯を終える(一年草)。

このような図鑑の説明に、東京から以西に住む人たちは、スズメノカタビラとはそうしたものだと思っていただろう。ふだん目にするスズメノカタビラは、図鑑の説明に一致する。

ところが、「それは違う」と関東以北に住む一部の研究者から声が上がった。

関東や関東以北に生えるスズメノカタビラは、茎の根元が匍匐《ほふく》し(**図5**中、矢印)、春の花期が終わっても匍匐茎は枯死することなく茎の節々から発根、新しい茎を立てる。地上部はスズメノカタビラに酷似し、両者の識別は難しい。この根元が匍匐するスズメノカタビラは多年草で、種子の休眠も浅い。これをツルスズメノカタビラとし、スズメノカタビラの一変種として扱われる。ツルスズメノカタビラは、ヨーロッパからの外来種である。

ツルスズメノカタビラが生える場所

ツルスズメノカタビラは、関東地方から西には生えていないのだろうか？　そうでもないようだ。

ゴルフ場の芝生に生えるスズメノカタビラの多くが、このツルスズメノカタビラだという。ゴルフ場はゴルフを楽しむ人以外には無用の場所だ。日常の中では見かけることのないツルスズメノカタビラに、関東以西の人たちの多くが気づかなかったのも当然だ。中国地方の一部では、ツルスズメノカタビラを農道で目にすることができる。しかし、日常の中では、ツルスズメノカタビラを目にすることはほとんどない。

ツルスズメノカタビラは種子のみでなく、栄養繁殖でも殖える多年草の性格が強い。種子も休眠性をほとんどもたない。コウライシバなどの芝地（緑地）の中に生きる雑草としては、

図5　関東以北に生えるスズメノカタビラは茎の根元が匍匐し（中）、花期が終わっても匍匐茎は枯死せず、新しい茎を立てる（右）。これはツルスズメノカタビラだ。左はスズメノカタビラ

すぐれた適応性をもっている。

どのゴルフ場にもシバの大地が広がっている。こうした景観に対し、「緑がいっぱい、太陽は燦々。自然を満喫してみませんか」といった意味のゴルフ場の宣伝文を目にすることがある。芝草が植栽された緑の大地は、豊かな自然の再来のように見える。広々とした芝地に太陽が燦々と降り注いでいる景観に、木々の茂る大地とは異質の快感を享受できる。しかし、ツルスズメノカタビラ（外来種）は、広々とした芝生の緑を愛する人たちにとっては〝おじゃま虫〟的存在である。除草剤で除去される運命にあるらしい。

図5のツルスズメノカタビラは、近くの水田の農道から採集した個体である。関東以西においてもツルスズメノカタビラは、私たちの日常性の中に、かなりふつうに生えているのかもしれない。一見して彼らは、スズメノカタビラのようなので、彼らの存在に気づかなかっただけなのかもしれない。

砂丘の大地の救世主だった外来種

鳥取県や鳥取市は海岸に広がる砂丘を観光資源の一つにしている。海浜に広がる砂丘農地は、歯切れのよいラッキョウの産地として全国的にも名が知られる。

浜に砂が押し寄せてできた広大な海岸砂丘を農地にかえたい、と途方もないことを考えた人物が江戸時代にいた。鳥取県米子の商人、船越作《ふなこしさく》左《ざ》衛門《えもん》（一八一七年没）である。彼は志半ばで他界、甥の次郎左衛門が後を継ぎ、クロマツ一〇万本を植樹、約二〇町歩（ヘクタール）の開拓畑を仕上げた。

海岸からの飛砂は砂丘農業を苦しめた。

一九五一年から行われた原勝《まさる》（鳥取大学農学部教授・故人）らによるオオハマガヤ（イネ科、アメリカ大陸原産）やシナダレスズメガヤ（イネ科、アメリカ大陸原産）（**図6**）の海浜への植栽で、飛砂の害の多くを抑えることに成功した。

しかし二〇一五年時点では、砂丘海岸から逸出したシナダレスズメガヤが河川の砂州に侵入し、川砂の流下を阻害する事例が見られるようになってきた。

地球にとっては、大地にいろいろな種類の草本や樹木が育ち、多様な植物たちをすみかとして多様な動物たちが集う生物多様性の場の存在こそが、未来に輝くいのちの大地のはずだ。多様性を無条件に受け入れてくれる空間の広がりが、大自然の要件でもある。在来種だとか外来種だとかの分別は、大地を支える地球にとっては、人間の身勝手な小事に聞こえていることだろう。

近年は、田園にのびる農道の路肩の多くに、在来種のチガヤ（イネ科）に代わってオオウシノケグ

図6　鳥取砂丘のシナダレスズメガヤ

サ（外来種）やカモガヤ（外来種）などのイネ科植物の人工植栽や自然発生的な侵入が見られるようになった。ある地方の都市河川では、堤防天端に生える雑草たちの約八〇％の種が外来種であった。

第８章

雑草を考える

田んぼの自然が変わった

上：鳥取砂丘（鳥取市浜坂）　下：日本の棚田（愛媛県東温《とうおん》市）

小学校一、二年生の頃であった。祖母に連れられて里山ではじめてのマツタケ狩りをした。

「一本だけはの、こんまいんでええから（小さいのでよいから）、おいとけ（残しておきなさい）。そりゃー（それは）山の神さんがおあがり（お食べ）になるもんじゃ。そうすりゃあ来年もまた、神さんがの、そこへぎょうさんの（たくさんの）マツタケを生やしてくださるでのし（生やしてくださるからね）」

マツの落ち葉の下にマツタケをはじめて見つけたとき、うれしくて、そこに生えるマツタケをすべてとりつくそうとした。そのとき祖母が訥々《とつとつ》としてくれた話だ。

祖母は無学だった。マツタケが胞子を散らして殖えることなどは、知る由もない。祖母の両親が生きた江戸時代から、いや、もっと遠い昔の先祖たちが自然と向き合ってきたそのやり方を、祖母が両親から伝え聞かされた通りに、私に語りかけただけのことだったにちがいない。

子どもの頃のこうした原体験が、故郷《ふるさと》の山々をかぎりなくファンタジックな世界へと昇華させ、キノコを提供してくれる里山の神々へのかぎりない愛慕と畏敬の念を芽生えさせてくれたように思う。故郷へのあたたかいイメージも、幼少期の頃に遊んだ田んぼでの草花や小動物たちとのふれあいの数々で、形づくられていったような気がする。

森林の思考と砂漠の思考

日本人の思考

鈴木秀夫は日本人の思考を「森林の思考」、ヨーロッパ人のそれを「砂漠の思考」と表現した。日本人の感性の豊かさややさしさは、列島を覆う湿潤な気候と四季ごとに変化する田んぼや里山の景観、森林に覆われ起伏に富んだ国土の地形に負うところが大きい、という。国土地形の多様さと四季の変化に富んだ自然が、この国土に生まれ育った人々の心に、豊かな情操と繊細な感性を育んできたのだろう。

「砂漠の思考」とは、合理を優先させ曖昧さを認めない思考だと、鈴木は定義した。合理は自然科学の世界では不可欠の要素である。しかし、われわれの日常では、合理だけが優先される概念とは限らない。

合理の思考は田んぼを変えた

西洋文明が世界に広く浸透することで、合理を至上とする考えが多くの人々の心をとらえていった。日本の農業経営にも、この合理の思考が深く浸透してくる。大きなドームの中で、人工光に照射され、化学的に配合された液肥でイネや野菜が育つ農業、これが未来の日本の農業のあり方だと主張され、その実践が産業資本に主導されて日本の各地で試行されているらしい。地方都市の商店街では空き店舗を利用し、人工光による野菜の水耕栽培（無農薬栽培）を起業したところもある。

小さい農業と大きい農業

日本の古い農業は自然の地形を尊重し、自然が産生したものを活用する、いわゆる循環型農業といわれるものであった。津野幸人は、これを「小さい農業」（**図1**上）とし、大型農業機械と大量のエネルギーを投入する工業型の農業を「大きい農業」（**図1**下）と表現したが、日本の農業の未来像は「大きい農業にある」とする意見が多くを占めた。

圃場《ほじょう》整備事業によって農地の旧来の環境が壊滅的になった今も、日本の農業の将来像はオーストラリア

図1　圃場整備前（上）と整備後（下）の水田。左：中国山地　右：四国地方

大陸の大型機械化農業に範を求めるべきだと説く農業評論家の声を聞く。

合理の思考は、旧来の「百姓仕事」（**図2**）を〝過酷な労働〟と表現した。二〇一〇（平成二二）年、日本の田んぼ（水田）は山間部の棚田を除き、圃場整備事業をほぼ完結した。一九六二（昭和三七）年から約五〇年にわたる、農家の負担と莫大な税金を投入した大事業であった。

この圃場整備事業の完結によって、日本の農業は自然への負荷の大きい大規模経営（大きい農業）への転換をほぼ完了した。では、日本の古くからの農業形態（小さい農業）ならば、農業による自然への負荷は皆無なのかというと、決してそうではない。

小さい農業が内包する農地の永続性

かつての水田形態である**図3**を見てみよう。あ

図2　旧来の農作業
左：田植えの準備　上：あぜの補修　下：田植えの前に耕作地をならす
右：イネの収穫　上：稲木にかけて乾燥　下：家族で脱穀、袋詰

ぜに雑草が生えても、縦横に整然と植えられたイネの育つ耕作地内には一本の雑草も見あたらない。見るかぎりの水田の中では、イネ一種のみが群生している。広大な面積に、ただ一種のみの植物（イネ）で構成された群落が広がる植生などは、自然界には存在しない。

図3に示したイネ群落は、人為的に多様性を完璧なまでに排除した、すなわち自然界には存在しない群落構成の植生なのである。換言すれば、地球に対しては、その不安定さにおいて、ふつうには存在し得ぬほどの大きな負荷をかけた植生だ。

図3　圃場整備前の水田
季節的湿原となる

ひとたびイネの病虫害が発生すれば、農薬を使わないかぎり、広大に広がるイネ単一の群落は壊滅状態になるはずだ。だが一方、**図3**に提示した従来型の〝小さい農業〟は「農地の永続性（循環性）」という特質を内包していた。世界の大農先進国が羨望する〝土地の永続性〟、すなわち「農地を使い捨てにしない」という特質を日本の農業（小さい農業）は内包していたのである（津野 一九九一）。

圃場整備の完遂（大きい農業への転換）（**図1、図4**）によって、このかけがえのない特性を放棄し、日本の農業もアメリカ式農業（大きい農業）と同様に、農地を使い捨てにする農業へと転換した。*

*――大小のいずれの農業形態をとろうとも、農業は宿命的に自然破壊の副作用を内包する産業であると、津野は説く。

小さい農業の消滅

農業の機械化と圃場整備

農業の機械化は、昭和初期からの農民の悲願であった。日本の水田は圃場整備事業の完遂で、農業の機械化への基盤整

図4　圃場整備後の水田
上左：トラクターで起耕　上右：コンバインによる自動収穫
下：圃場整備後の水路（明渠）　左：水路に灌水　右：水路の流水を遮断

備を達成した。日本の稲作農業は奈良時代後期に条里制を敷き、田の区画整備を行った。昭和の後期から平成にかけての圃場整備事業は、この条里制の施行以後はじめて（太閤検地などはあったが）の、法律（土地改良法：昭和二四年法律第一九五号）にもとづく全国規模の農地整備事業であった。日本列島の有史以来はじめて、日本人が体験する水田をめぐる自然環境の大規模な改変、そして、その完結である。

労働時間の短縮

圃場整備によって、農作業に大型農業機械の導入が可能になり、米づくりに投入されていた労働時間が一気に短縮された。一九六五（昭和四〇）年の「米づくり」にかかった労働時間は一〇アール当たり一四一時間、二〇〇六（平成一八）年には二八時間、四〇年前の五分の一以下になった（農林水産省統計二〇〇八）。

農地の構造的変化

圃場整備によって、田んぼの耕作地環境とその機能は根本的に変わった。大型農業機械の導入が可能になり（**図4上**）、水路の整備で湿田は乾田化（**図4下**）した。多くの水田で稲作と畑作の併作や転作を可能にした。つまり、農地の合理的な有効利用が可能になったといえる。

動物相や植物相の変化

田んぼの小動物や雑草が消えた

しかし圃場整備事業によって、どこの田んぼの水路にもいた淡水魚のメダカ（**図5**上左）は、いつの間にか「絶滅危惧種」（環境省）に指定されるまでに激減していた。ショウジョウトンボやホタル、タガメ、ゲンゴロウ、さらにはアカハライモリ（**図5**上右）までもが多くの地方で姿を消した。

激減したのは小動物ばかりではない。田んぼの水路でふつうに見られた水生植物（雑草）のミクリやコウホネ、ヒメガマ、ミズキンバイ、ミズオオバコ、さらに加えて水田耕作地のミズワラビ（**図5**下左）やアブノメ、スブタなどは探しようがないほどまでに、生育地も個体数も激減した。サンショウモは、

図5　田んぼの生き物
上左：メダカ　上右：アカハライモリ　下左：ミズワラビ　下右：エナガミクリ

この三〇年間で目にできないほどに個体数が減少、かつ地域限定的になった。日本の谷川や小川、田んぼの水路などでふつうに見られた春の七草の一つ、セリでさえ田んぼで探そうとすると至難だ。

しかし、これらは至極当然の帰結だともいえる。農地に張りめぐらせた旧来の水路を明渠や暗渠に改修し、田の水系を河川水系から断絶した結果である。農地の湿潤な土壌環境を、乾燥へと転換した（**図4**下）。

湿地の動植物の生存に大きな影響を及ぼす圃場整備事業のあり方が、国会で遅ればせながらも議論された。「土地改良法の一部を改正する法律*」が参議院先決法案として提出され、二〇〇一（平成一三）年六月二二日に衆議院で可決成立した。

図6　ヨシ群落（上：湿田）とセイタカアワダチソウ群落（下：乾田）

*――土地改良法（法律第一九五号）昭和二四年六月六日施行
土地改良法は二〇〇一（平成一三）年に改正され、事業の実施に際しては、環境への負荷や影響に対して、

図7　水田あぜの外来植物
上段　左：アメリカタカサブロウ　右：トゲミノキツネノボタン
中段　左：アメリカフウロ　中：オッタチカタバミ　右：コメツブツメクサ
下段　左：イヌムギ　中：ヒメジョオン　右：ネズミムギ

ミティゲーション（自然環境への影響緩和）の考え方を基本とした環境配慮対策を検討することとされた。一般にミティゲーションの中で最も優先すべき方法は回避であり、代替は、ほかの措置をとったうえで、なお残る環境影響について行うものであると規定された。

外来種がやって来た

水田環境の激変（湿から乾）で姿を消した在来植物にかわって、農民がこれまでに経験したことがない雑草たち、例えばセイタカアワダチソウ（**図6**下）やアメリカタカサブロウ、トゲミノキツネノボタン、アメリカフウロ、オッタチカタバミ、コメツブツメクサなど（**図7**）の外来植物が水田やその周辺でふつうになってきた。

こうした外来種にまじって、最近では、アメリカへ帰化していた日本在来種であったアキノエノコログサが輸入の飼料穀物とともに日本へ里帰りをしてきた。ところが、このアキノエノコログサは草体を巨体化させて里帰りをした（**図8**）。草丈は一・五メートルをこえて巨体化しており、大きく湾

図8　アキノエノコログサ（在来型）
右下は穂形　A：在来型　B：里帰り型

曲した穂形が特徴的だ（**図8**右下）。

消えた赤トンボ——植物相の変化が与える動物相への影響

植物相の変化は、田んぼの景観ばかりではなく、動物相へも影響する。各地のため池や周辺の湿地に広がっていたヨシ群落（**図6**上）の激減で、オオヨシキリの声がすっかり遠くなった。スズメやツバメの群れが小さくなった、という声を聞くようにもなった。田んぼの水路で子育てをしていたカルガモたちも、すっかり数が減った。ホタルやトンボたちは、最近は生育地や個体数が若干回復気味だが、それでも往時の比ではない。

年配の人たちは、「赤とんぼ」（三木露風作詞、山田耕筰作曲）の童謡を、自分の子どもの頃の体験にかさねあわせて聴くことができる。露風が見た「赤トンボ（通称）」は、どの種なのだろうか

図9　田んぼのトンボたち
上左：ショウジョウトンボ　上右：ウスバキトンボ（飛翔中）
下はギンヤンマのオス　左：回遊飛翔　右：静止飛翔。複雑な翅の動きに注目

(**図9上**)。二〇一六年九月一八日の早朝、ラジオから「赤とんぼ」の曲が流れていた。

「この歌は、いつ聴いても心を和ませるいい曲ですねえ」と、年配者らしいコメンテーターの声でラジオ放送は終わった。

イネの出穂期が近くなる頃から田んぼの一隅で、夕刻になると雌雄をまじえた何十匹ものギンヤンマの群飛が、秋近くにまで見られた(**図9下**)。この光景を記憶する人は、もうほとんどいない。

田んぼの水路の分断・改修は、田んぼの空間から多種の在来小動物や植物たちを排除した。さらに今、人をも田んぼ空間から排除する(**図10**)。

大津市のある男性(無職・六一歳)は、次のような文章を新聞の投稿欄に寄せた。要旨を紹介しよう。

図10　小型ヘリコプターで農薬散布。人は立入禁止

図11　産卵期に小川を遡上するナマズ
早朝に観察できた

「絶滅危惧種の昆虫類に新たにタガメとゲンゴロウ（著者注：水田にふつうに見られた昆虫）などが指定されました。農薬や外来魚が原因とのことですが、私は河川改修や圃場整備も原因の一つだと思います。私の小学生時代には石垣の間に小魚や昆虫、甲殻類などがすみ、用水路ではウナギやナマズ（**図11**：著者挿入）、フナ、貝類が豊富にとれました。今、すみかの多くはコンクリートで固められ（**図12**下：著者挿入）、魚の姿は見られません」（朝日新聞二〇一一年七月三一日付）

失われた田んぼのさまざまな機能

日本の百姓仕事が無言のうちに連綿と維持しつづけた田んぼの「生物の多様性」は、圃場整備事業によってほぼ消滅したように見える。この過程は、日本の農業が子どもの教育を、換言すれば子ど

図12　小川の堤防改修の前後（定点観察）（下は2014年3月12日）

もの感性と情操を育むという目に見えない、しかし大切な田んぼの機能（公共性）を放棄していく過程でもあった。

旧来の日本の農業は食料の生産以外にも、地域の防災や文化、景観、生態系の保全などの一端を担い、このことの自負を背景に農民は生きてきた、と鳥取県農業会議会長（当時）の川上一郎は過去形で文章を書いた。

田んぼで生きる雑草の効果的かつ効率的な除草の研究は、工業化された農業（大きい農業）（**図10**、**図13**）を円滑に運営する視点からは必要不可欠なことなのだろう。しかしその一方で、雑草たちが自然環境の中で担ってきた多面的機能の理解も忘れないでほしい、という思いが私にはある。

図13　大型農業機器を想定した圃場整備
農地（75ha）への給排水は電動式（矢印）、給排水管は地下に埋設

「合理」の発想は、田んぼや小川の雑草を除草剤で排除することだけにとどまらない。都市空間にコンクリート建造物が林立するように、田んぼの合理化が追求されると、給排水路のみでなく、あぜや農道もコンクリートで固めるという発想が生まれる（**図1**右下、**図4**下）。

コンクリート化された農道やあぜに雑草はほぼ皆無で、機械化された農作業が効率よく展開されていく（**図4**上）。こうして、農業による環境への負荷は旧来にも増して加速する。生物多様性の完璧なまでの排除は同時に、病害虫の天敵を育てる食草をも田んぼ空間から排除する。農薬に頼らざるを得ない工業化農業が待っている。

地域の自然環境を保全しようと、圃場整備の際にも小川の形態を旧来のままに残存させた地域があった（**図12**上）。この小川では水生植物も含めて四〇種以上の野草や雑草たちが観察された。水中にはドブガイ、シジミ、カワニナ、モノアラガイ、ドジョウ、カワムツ、フナ、メダカ、ナマズ、ゴギ、イモリなど二〇種以上の小動物たちが闊達に生きた。初夏にはホタルが光り、シオカラトンボやアキアカネが羽を休めた。

河川環境を維持するためには、年二回の堤防の草刈り（共同作業）は欠かせない。高齢化は河川環境の維持を困難にしはじめた。二〇一四年三月、河川堤防が改修され（**図12**下）、川底もコンクリート化された。小川で生きていた生きものたちが消えた。

雑草の種数の豊かな田んぼや小川では、**図14**に見るような生きものたちの「生《せい》」のドラマが展開される。

かつては日常茶飯事的に見ることができていたこの命の受け渡しの実像消滅を、教育学者や学校教師たちは、どう受け止め、どう理解しているのだろう。

雑草の過度の排除に対し、昆虫生態学者からは疑義が提起されてすでに久しい。昆虫生態学者の桐谷圭治の論文の一部を要約し

図14　生物多様性の中で闊達に生きる小動物たち
カメムシを捕らえたコガネグモ（♀）

て紹介し、この章を終えよう（図15は著者挿入）。

田んぼ植生の単調化は危険

ツマグロヨコバイ（イネの害虫）（図15下左：ツマグロオオヨコバイ）の天敵であるコモリグモ（図15上）は、人工飼育でツマグロヨコバイのみを餌として与えても成虫にまでは育たない。ところが、ツマグロヨコバイのほかにも「ただの虫」であるユスリカやガガンボ（図15下右）などいろいろな種類の虫を餌にすると、彼らは成虫にまで育つ。また、いろいろな「ただの虫」を混食させるとコモリグモの産卵数は飛躍的に増える。自然界にあっても人工飼育の結果と同じようなことがいえるだろう。

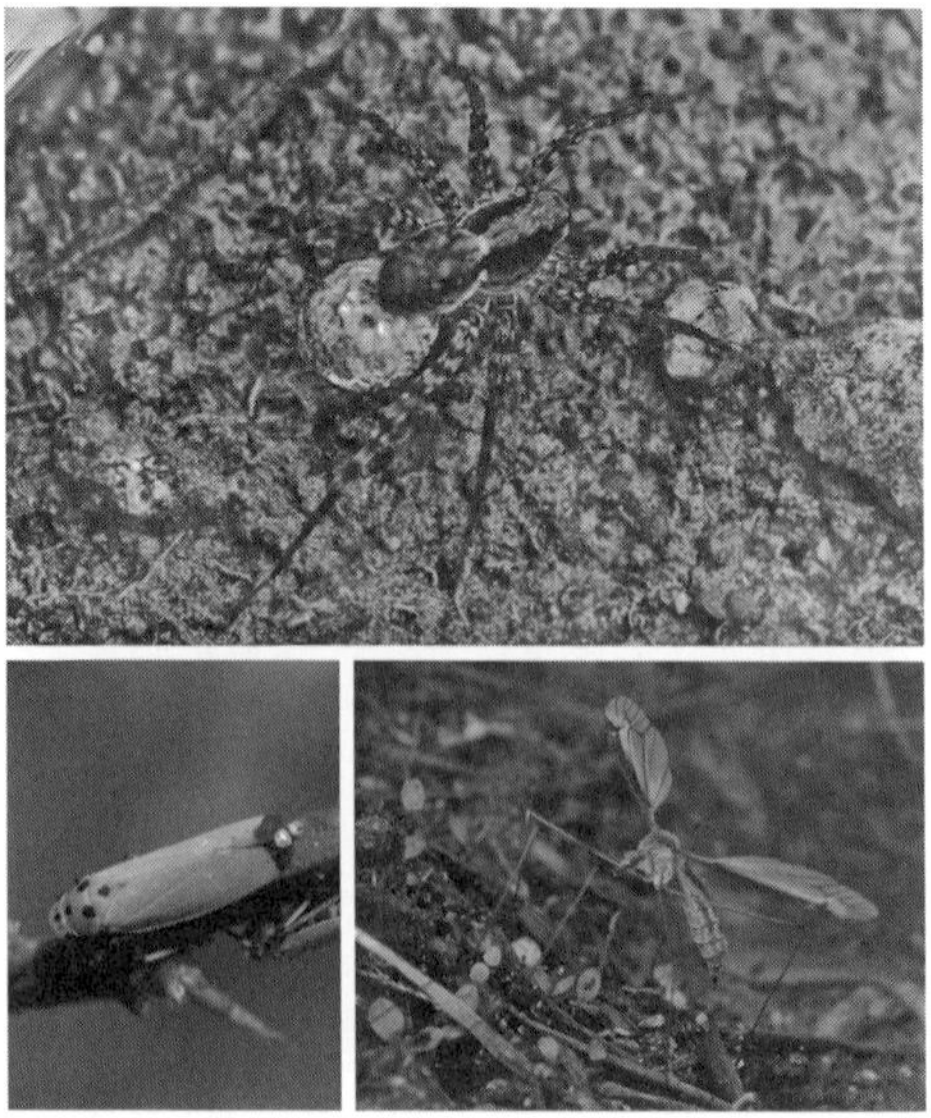

図15　田んぼの「ただの虫」たち
上：卵塊を抱えたコモリグモ（♀）
下左：ツマグロオオヨコバイ　下右：ガガンボ（♀）

ゲンゴロウ（環境省指定の準絶滅危惧種）は、産卵のために溜め池から水田へとやって来る。彼らはイネの葉をかじることはあっても、イネの葉に産卵することはない。産卵は水田雑草の葉へ行う。

ゲンゴロウの産卵のためには、いろいろな種類の雑草が必要だ。

この章では田んぼの雑草をキーワードにして、生物多様性という概念の一端を検証した。人（ヒト）は地球生態系の一員であり、生物多様性を支える動物種の一員であることはまぎれもない事実だ。この生態系を食物連鎖という視点で見るとき、人はこの連鎖系の頂点に君臨する動物種であることもまた、まぎれもない事実である。

人が地球上で健康な生活を送りつづけるためには、人の生活圏にあって生物多様性を支える雑草たちや、雑草たちと共存する小動物たちの存在に、人間としてもっとあたたかい目を注いでもよいのではないだろうか。

おわりに

「雑草の種分化を核型を手がかりにして検証する」ということを始めた頃は、動植物の種《しゅ》の核型は、種ごとに固定的だ、という考え方が一般であった。したがって、一つの種から三〜四個体を選択して核型を精査し、その核型をもって種の核型を代表させ、種間の核型変異の動態を研究していた。

ところが、水田雑草のキツネノボタンや畑雑草のツユクサの核型を、日本列島のできるだけ多くの地域から、できるだけ多数の個体を集めて調べてみると、核型には地理的変異、すなわち種内変異のあることが明らかになってきた。人に抜き捨てられる運命を背負って生きる雑草たちが、地域の自然に密着して種を分化させて生きている、という事実が浮き彫りになってきた。このことは、大きな驚きであるとともに、雑草への認識の見直しを根底から迫る事実の提示でもあった。

野草に関しては、自然環境に対応して種を分化させているということが検証され、概念的にも一般化されていた。しかし、農地に生えて除草の対象にされる雑草たちには、そうした種分化の概念は、ふつうには該当しないだろうという漠然とした思いが支配的であった。

本書では、身近に見られる雑草七種を話題の軸にとりあげた。雑草たちが秘めた種分化の事実の一端を、中・高校生にも家庭での検証が可能なように、植物の外部形態を観察するという手法を主に使って表してみた。田んぼや路傍に生え、人からはじゃま者扱いされながら生きる雑草たちも、野草におとらない壮大な種分化のロマンを抱えて、この世に生きていることが明らかになってきた。多くの研究者たちの研究努力の結果である。

地域自然の生物多様性は、身近な田んぼの中にも歴然と存在した。ツユクサは日本中、どこのツユクサもなべて同じというわけではなかった。この重みを見捨てることなく認識してほしい、という思いが私にはある。地域環境に生きる多様な雑草の存在が、地域自然の多様性を支え、多様な小動物たちを育んできた。私たちの生活環境を潤いのある豊かなものにしていた。また、庭や田んぼに生きる生きものたちの変化にとんだ躍動は、子どもたちの好奇心を刺激し、彼らに豊かな感性と情操を育んでいた。生きものへの愛を育ててきていた。

一九四九（昭和二四）年施行の「土地改良法」をよりどころにして、全国規模で遂行された圃場整備事業は、田んぼ環境の生物多様性を一変させた。農業の近代化は必要不可避なことであっただろう。しかしそのことは、化石燃料の普及が薪の需要をなくし、里山の植生を大きく変えたことと相乗して、「うさぎ追いし……」とか「夕焼け小焼けの赤とんぼ……」と童謡にうたわれた日本固有の景観の多くが地域から消滅することを誘引した。いつの間にか、子どもたちの多くは身近な自然体験を十分にもてないままに幼少期を過ごし、大人になっていく時代になっていた。

しかし、日本の雑草たちが私たちの身辺から皆無になったわけではない。探せば、たくさんの雑草たちが田んぼや路傍に、そしてあなたの家の庭先で地域自然の多様性を支えて、生きている。雑草たちの多くが、抜き捨てられる運命を背負いながらも、それぞれが長い進化の歴史を内包して、みなさんの身近な環境で生きている。雑草たちは、人の生活圏にあっては人間のおじゃま虫的存在であることも確かだ。しかし、もっと広域的に彼らを眺めれば、雑草たちは地球の生物多様性を支える、人間の生活圏の自然環境におだやかさを醸し出す大切な隣人たちでもあるはずだ。この事実の重みを思い、人の生活圏で生きる雑草たちの、地球で生きていこうとする気力を、努力を感じとっていただけるならば、と思う。そして彼らとともに生きていこうと、ほんの少しばかりのゆとりを心にとめていただけるならば、そこには、これまでとは違った別の世界が開けてくるはずだ。

子どもの頃に見た小川の流れ、雑草たちを隠れ家にして群れ泳ぐ魚たち、躍動する虫たち、小動物たち、彼らを捕まえたときの仲間たちの歓声、そうしたものを遠い昔の出来事だけにはしたくない、と強く思う。

本書をここまで読みすすめてくださった方々の辛抱強さに感謝しつつ、筆をおかせていただきます。また研究成果を引用させていただいた多くの研究者のみなさん、そして、本書を読みやすいものに編集してくださった編集部の橋本ひとみさん、ありがとうございました。

二〇一七年八月

藤島弘純

引用・参考文献

序章

巌佐　庸・松本忠夫・菊沢喜八郎・日本生態学会（編）（二〇〇三）『生態学事典』初版　共立出版

Kobayashi, T. and Hori, Y.（1999）Photosynthesis and seedling survival of weeds with different trampling susceptibilities under contrasting light and water conditions. J. Weed Sci. Tech. 44：195–204.

Kurita, M.（1953）Further note on the karyotypes of Allium. Mem. Ehime Univ. Sect. 2（1）：360–378.

Kurita, M. and Kuroki, Y.（1964）Polyploidy and distribution of *Allium gray*. Mem. Ehime Univ., Sect. 2（Sci）, Ser. B（Biol.）53：37–45.

Takatori, S. and Tamura, M.（1978）Thermo and Photo-induced germination of *Ranunculus quelpaertensis*. Bull. Sch. Educ. Okayama Univ. No. 49：1–11.

梅棹忠夫・金田一春彦・阪倉篤義・日野原重明（監修）（一九九五）『日本語大辞典』第二版　講談社

八杉龍一・小関治男・古谷雅樹・日高敏隆（編）（一九九六）『生物学事典』第四版　岩波書店

第1章

Fujishima, H.（2003）Karyotypic diversity of *Commelina communis* L. in the Japanese archipelago. Chrom. Sci. 7：29–41.

Fujishima, H., Won, J. and Lee, C.（2004）A karyological study in *Commelina communis* L. in the Korean Peninsula. Chrom. Sci. 8：33–44.

藤島弘純（二〇〇八）ツユクサの栽培品種オオボウシバナとその核型　生物教育四八（一・二）：表紙図説明

藤島弘純（二〇一〇）『雑草の自然史――染色体から読み解く雑草の秘密』築地書館

福本日陽（一九六五）ツユクサ属植物の染色体数と核型の再検討Ⅰ　染色体六二：二〇一三–二〇一七

福本日陽（一九七九）ツユクサ属の染色体と核型の検討Ⅱ　ツユクサにおける染色体数の種内変異　染色体二（一三）：三五〇–三五四

笠原安夫（一九七六a）日本における作物と雑草の系譜(1)　雑草研究二一：一–五

笠原安夫（一九七六ｂ）日本における作物と雑草の系譜(2)　雑草研究二一：四九–五五
箕作祥一（一九四六）ツユクサ科植物の細胞學的研究Ⅰ　本邦産ツユクサ科植物の染色體数　遺伝学雑誌二一（五–六）：九二–九三
小野　勇（一九四六）ツユクサの花序　採集と飼育八（六・七）：一〇六–一〇八（昭和二一年七月号）
阪本寧男・落合雪野（一九九八）『アオバナと青花紙』サンライズ出版
杉本順一（一九七三）『日本草本植物総検索誌Ⅱ　単子葉篇』井上書店
鈴木光喜（一九九四）25年間地中30cmに埋土した数種畑雑草種子の発芽力　雑草研究三九：三四–三九
高林　実・中山兼徳（一九七八）主要畑雑草種子の土中における生存年限について　雑草研究二三：三二–三六
高林　実・中山兼徳（一九七九）主要畑雑草種子の出芽深度について　雑草研究二四：二八一–二八五
津山　尚（一九四八）ツユクサの花序の構造に就て　植物学雑誌六一：九九–一〇一
王　丰・金　錦萍・王　應紅・方　益貨（一九九四）淅江鴨跖草属植物的核型研究　Guihaia14：354–356

第2章

安間　了・山本由弦・下司信夫・七山　太・中山正二郎（二〇一四）世界遺産の島・屋久島の地質と成り立ち　地質学雑誌一二〇：一〇一–一二五
藤原　勳（一九五五）オウバコ属数種の染色体数　染色体二二–二四：八三〇–八三五
藤原　勲（一九五六）オウバコ属の核型分析Ⅱ　遺伝学雑誌三一：一八四–一九一
藤原　勳（一九五七）北海道で見出された *plantago major* L. 科学二七（一〇）：四〇–四一
藤原　勳（一九七〇）オオバコ属植物の染色体数　佐賀大学教養部研究紀要二：七五–九二
藤原　勳（一九七八）沖縄島と台湾のオオバコ *Plantago asiatica* L. の染色体数（私信）
Fujishima, H., Okada, H., Horio, Y. and Yahara, T.（1990）The cytotaxonomy and origin of *Ranunculus yaegatakensis*, an endemic taxon of Yakushima Island. Bot. Mag. Tokyo 103：49–56.
藤島弘純（二〇一〇）『雑草の自然史――染色体から読み解く雑草の秘密』築地書館
Huntley, B. and Birks, H.J.B.（1983）An atlas of past and present pollen maps for Europe. Cambridge Univ. Press.
Ishikawa, N., Yokoyama, J., Ikeda, H., Takabe, E. and Tsukaya, H.（2006）Evaluation of morphological and molecular variation in *Plantago*

asiatica var. *densiuscula*, with special reference to the systematic treatment of *Plantago asiatica* var. *yakusimensis*. J. Plant Res. 119：385–395.
Ishikawa, N., Yokoyama, J. and Tsukaya, H.（2009）Molecular evidences of reticulate evolution in the subgenus *Plantago*（Plantaginaceae）American J. Bot. 96（9）：1627–1635.
Iwatsubo, Y., Ogino, K., Koda, G. and Naruhashi, N.（2000）Chromosome numbers of *Plantago asiatica* L.（Plantaginaceae）. in Toyama Prefecture, central Japan. J. Phyto. and Taxo. 48：67–70.
川原勝征（一九九七）『屋久島花草木　続・屋久島の植物』（初島住彦〈監〉）八重岳書房
Kobayashi, T. and Hori, Y.（1999）Photosynthesis and seedling survival of weeds with different trampling susceptibilities under contrasting light and water conditions. J. Weed Sci. Tech. 44：195–204.
Levin, D. A.（2002）The role of chromosomal change in plant evolution. Oxford Univ. Press.
町田　洋（一九七七）『火山灰は語る――火山と平野の自然史』蒼樹書房
Masamune, G.（1930）On new and noteworthy plants from the Island of Yakushima II. Bot Mag Tokyo 44：219–221.
Nakayama, Y., Umemoto, S., Ito, M. and Kusanagi, T.（1997）Genecological studies on *Plantago asiatica* L.s.I.：Mophological characteristics of a dwarf type of *P. asiatica* in the Shinto Shrine and Temple ecosystem. Weed Res. Japan 41：332–338.
大井次三郎（一九七五）『日本植物誌　顕花篇』至文堂
清水矩宏・森田弘彦・廣田伸七（二〇〇一）『日本帰化植物写真図鑑』全国農村教育協会
津坂真智子・木村陽介・矢野興一・山本伸子・狩山俊悟・榎本　敬・池田　博・星野卓二（二〇〇七）岡山県に自生する絶滅危惧植物の染色体数　Naturalistae No. 11：15–30.
van Dijk, P., Hartog, M. and van Delden, W.（1992）Single cytotype areas in autopolyploid *Plantago media* L. Biol. J. Linnean Soc. 46：315–331.

第3章

Correns, C.（1928）Bestimmung, Vererbung und Verteilung des Geschlechtes bei den hoheren Pflanzen. Handb. Vererbungsw. 2, 1–138. cited from〝Lloyd, D.G.（1974）Female-predominant sex ratio in Angiosperms. Heredity 32（1）：35–44.〟
Cuñadol, N., Pérez, R., Herrán, R., Rejón, C.R., Rejón, M.R., Santos, J.L. and Garrido-Ramos, M.A.（2007）The evolution of sex chromosomes in the genus Rumex（Polygonaceae）：Identification of a new species with heteromorphic sex chromosomes. Chrom. Res. 15：825–832.

Inaga, S., Naguro, T., Kameie, T. and Iino, A.（2000）Three-demensional ultrastructure of in situ chromosomes kinetochores of *Tradescantia reflexa* anther cells by scanning electron microscopy 1. Freeze-cracked meiotic chromosomes and kinetochores in pollen mother cells. Chrom. Sci. 4：1-9.
木原均・小野知夫（一九二三ａ）スイバの染色体　植物学雑誌三七：八四-九〇
木原均・小野知夫（一九二三ｂ）スイバの性と染色体数との関係　植物学雑誌三七：一四七-一四九
Kihara, H. and Ono, T.（1925）The sex-chromosomes of *Rumex acetosa*. Zeitschrift fur Induktive Abstammungs und Verebungslehre 39：1-7.
Kihara, H. und Yamamoto, Y.（1931）Karyomorphologische Untersuchungen an *Rumex acetosa*, L. und *Rumex montanus*, DESF. Cytologia 3：84-118.
木原　均（一九七三）『小麦の合成　木原均随想集』（三刷）二九四-三〇五頁　講談社
北村四郎・村田　源（一九六一）『原色日本植物図鑑　草本編Ⅱ　離弁花類』保育社
Kurita, M. and Kuroki, T.（1969）Karyotypes of *Rumex acetosa* L. Mem. Ehime Univ. Sci. Ser. B（Biol.）6：41-49.
Kuroki, Y.（1976）Studies on the karyotypes of *Rumex acetosa*. Mem. Ehime Univ. Nat. Sci. B8（1）：8-85.
Kuroki, Y., Yokohama, A. and Iwatsubo, Y.（1994）Flurescent ehromosom a banding in *Rumex montanus*（Polygonaceae）. La KromosomoII-74：2591-2597.
Lee, M.K., Choi, H.W. and Bang, J.W.（1991）Karyotype and chromosomal polymorphish in *Rumex acetosa*. Korean J. Genetics 13：271-280.
Masuoka, A., Fujishima, H. and Shimizu, H.（1994）Cytogenetical and ecological studies on the sex ratio determination of *Rumex acetosa*. J. Fac. Educ. Tottori Univ. Nat. Sci. 42：199-208.
松永幸大・黒岩常祥（一九九六）植物の性染色体　遺伝五〇（六）：二七-三二
Mayr, E.W.（1954）Evolution as a Process, In Huxley, J., Hardy, A.C. and Ford, E.B.（eds）, Allen and Unwin. London.
Milewicz, M. and Sawicki, J.（2012）Mechanisms of Sex Determination in Plants. Čas. Slez. Muz. Opava（A）61：123-129.
奥田重俊（一九八三）わが国におけるギシギシ属数種の住み分け的関係『現代生物学の断面』八五-九五頁　共立出版
Ono, T.（1935）Chromosomen und Sexualität von *Rumex acetosa*. Sci. Rep. Tohoku Univ. 10：41-210.
小野知夫（一九六三）『植物の雌雄性』岩波書店
Parker J.S. and Clark, M.S.（1991）Dosage sex-chromosome systems in plants. Plant Sci. 80（1-2）：79-92.

Parker, J.S. and Wilby, A.S.（1989）Extreme chromosomal heterogeneity in a small-island population of *Rumex acetosa*. Heredity 62：133–140.
斉藤典保・岩坪美兼・小林貞作（一九八六）スイバ常染色体変異の地理的分布　遺伝学雑誌六一：六一一
Shibata, F., Hizume, M. and Kuroki, Y.（1999）Chromosome painting of Y chromosomes and isolation of a Y chromosome-specific repetitive sequence in the dioecious plant *Rumex acetosa*. Chrom. 108：266–270.
Shibata, F., Hizume, M. and Kuroki, Y.（2000）Differentiation and the polymorphic nature of the Y chromosomes reveraled by repetitive sequences in the dioecious plant, *Rumex acetosa*. Chrom. Res. 8：229–236.
Stehlik, I. and Blattner, F.R.（2004）Sex-specific SCAR markers in the dioecious plant *Rumex nivalis*（Polygonaceae）and implications for the evolution of sex chromosomes. Theor. Appl. Genet.108：238–242.
Stehliki, I. and Barrett, S.C.（2005）Mechanisms governing sex-ratio variation in dioecious *Rumex nivalis*. Evolution 59：814–825.
Strasburger, E.（1894）Lehrbuch der Botanik（from 31 Auflage, Stuttgart. NewYork, 1978）.
Takahashi, C.（2003）Physical mapping of rDNA sequences in four karyotypes of *Ranunculus silerifolius*（Ranunculaceae）. J. Plant Res.116：331–336.
Tanaka, R.（1971）Types of Resting Nuclei in Orchidaceae. Bot. Mag. Tokyo 84：118–122.
Vyskot, B. and Hobza, R.（2004）Gender in plants and sex chromosomes are emerging from the fog. Trends in Genet. 20：432–438.
Wilby, A.S. and Parker, J.S.（1986）Continuous variation in Y-chromosome structure of *Rumex acetosa*. Heredity 57：247–254.
Yamamoto, Y.（1938）Karyologische Untersuchungen bei der Gattung *Rumex*. Mem. Coll. Agr. Kyoto Univ. 43：1–59.

第4章

Fujishima, H.（1984）Karyomorphological studies of the *Ixeris dentata* complex on Mount Ishizuchi. Bot. Mag. Tokyo 97：137–150.
Fujishima, H.（2001）A karyological study on speciation of the *Ixeris dentata* complex. Chrom. Sci. 5：7–14.
Fujishima, H.（2003）Karyotypic diversity of *Commelina communis* L. in the Japanese archipelago. Chrom. Sci. 7：29–41.
Hori, T., Hayashi, A., Sasanuma, T. and Kurita, S.（2006）Genetic variations in the chloroplast genome and phylogenetic clustering of *Lycoris* species. Genes & Genetic Systems 81：243–253.
石川光春（一九二二）にがな属ノ染色體ニ就テ　植物学雑誌三五：一五三－一五八

小山博滋（一九八一）ニガナ――ミチバタニガナの仲間の多様性（田村道夫〈編〉『日本の植物研究ノート――分類・系統学へのアプローチ』一四八–一六五頁）培風館
栗田子郎（一九九八）『ヒガンバナの博物誌』研成社
松江幸雄（一九九七）ヒガンバナの繁殖――三二年目の株を掘る　遺伝五一（四）：一〇三–一〇五
西岡泰三（一九五六）日本産タンポポ類の核型分析　植物学雑誌六九：五八六–五九一
西岡泰三（一九六〇）ニガナ類の分化について（一）　高山植物と海岸植物の雑種および二、三の問題　植物学雑誌七三：四三一–四三七
Nisioka, T.（1963）Phylogenetic study in the *Ixeris dentata* group, II. General aspect of the *Ixeris dentata* group. J. Jpn. Bot. 18：199–223.
岡部作一（一九三二）にがなノ単性生殖（予報）　植物学雑誌六：五一八–五二八
岡部作一（一九三五）高山に産するニガナ類に就いて　生態学研究一：二七八–二八一
大井次三郎（一九七五）『日本植物誌　顕花篇』至文堂
佐藤俊男・滝沢則之（一九九四）柏崎のイソニガナ生育地の現状報告　新潟県植物保護一六：二
竹本貞一郎（一九五四）ニガナの核型研究Ｉ　岡山地方に産するニガナ及びハナニガナの染色体の形態について　染色体二一：七四七–七五一
竹本貞一郎（一九五六）イソニガナの染色体について　植物学雑誌六九：三二五–三二八
Takemoto, T.（1962）Cytological studies on *Taraxacum* and *Ixeris*, II. Some Japanese races of the *Ixeris dentata* complex. Biol. Jour. Okayama Univ. 8（3-4）：59–89.
竹本貞一郎（一九七〇）複合種ニガナの生態と染色体　岡山大学教育学部研究集録二九：七一–八九
田中正武（一九七五）『栽培植物の起源』三六–三八頁　日本放送出版協会
Vavilov, N.I.（1928）Geographishe Genzentren unserer Kulturpflanzen.（田中 一九七五から転載）
安ヶ平紀子・佐藤浩二・高原美規・山元皓二（一九九九）絶滅危惧種イソニガナとその近縁種の遺伝的多様性　長岡技術科学大学研究報告二一巻：一一一–一一七
米倉浩司・邑田　仁（監修）（二〇〇九）『高等植物分類表』北隆館
Zakharov, I. A.（2005）Nikolai I Vavilov（1887–1943）. J. Biosci. 30（3）：299–301.

第5章

Fujishima, H.（1988）Cytogenetical studies on the karyotype differentiation in *Ranunculus silerifolius* Léveille. J. Fact. Educ. Tottori Univ. Nat. Sci. 37：33–90.

藤島弘純（二〇一〇）『雑草の自然史――染色体から読み解く雑草の秘密』築地書館

Fujishima, H.（2011）Karyotypes in four species of *Ranunculus*（Ranunculaceae）：Karyotypic variation in Mainland China and the Japanese Archipelago. Chrom. Bot. 6：97–106.

Fujishima, H.（2012）Karyological relationship of *Ranunculus sundaicus*（Backer）Eichler（Ranunculaceae）in Java to *Ranunculus silerifolius* Lév. in the Japanese archipelago. Chrom. Sci. 15：3–8.

Fujishima, H. and Kurita, M.（1974）Chromosome studies in Ranunculaceae, XXVI. Variation in karyotype of *Ranunculus ternatus* var. *glaber*. Mem. Ehime Univ. Sci. Ser. B（Biol.）7：62–68.

桐谷圭治（二〇〇七）生物多様性を支える雑草　雑草研究五二：一九〇–一九一

栗田正秀（一九五五）キンポウゲ科の細胞学的研究Ⅰ　キンポウゲ属の核型分析　植物学雑誌六八：九四–九七

Liao, L., Xu, L., Ye, C., and Fang, L.（1995）Studies of karyotypes of *Ranunculus cantoniensis* polyploidy complex and its allied species. Act Phytotax Sinica 33：230–239.

Nie, K.（2007）Study on interspecific relationships and geographic variation of *Ranunculus cantoniensis* complex. Doctor's Dissertation, No.2049054, Nanjing Forest Univ., Nanjing, China.

小野幹雄（一九九四）『孤島の生物たち――ガラパゴスと小笠原』岩波書店

Siddall, M., Rohling, E.J., Almogi-Labin, A., Hemleben, Ch., Meischner, D., Schmelzer, I. and Smeed, D.A.（2003）Sea-level fluctuations during the last glacial cycle. Nature 423：853–858.

Takahashi, C.（2003）Physical mapping of rDNA sequences in four karyotypes of *Ranunculus silerifolius*（Ranunculaceae）. J. Plant Res.116：331–336.

館岡亜緒（一九八三）『植物の種分化と分類』九九–一〇五頁　養賢堂

Yang, T. and Huang, T.（2008）Additional remarks on Ranunculaceae in Taiwan（8）-Revision of Ranunculaceae in Taiwan. Taiwania 53：210–229.

Yokoyama, Y., Lambeck, K., Dekker, P., Johnston, P. and Fifield, K.（2000）Timing of the last glacial maximum from observed sea-level minima. Nature 406：713–716.
van der Kaars, W.A. and Dam, M.A.C.（1995）A 135,000-year record of vegetational and climatic change from the Bandung area, West-Java, Indonesia. Palaeogeogr. Palaeoclimatol. Palaeoecol. 117：55–72.

第6章

安間　了・山本由弦・下司信夫・七山　太・中山正二郎（二〇一四）世界遺産の島・屋久島の地質と成り立ち　地質学雑誌一二〇：一〇一–一二五
Fujishima, H. and Kurita, M.（1974）Chromosome studies in *Ranunculaceae*, XXVI. Variation in karyotype of *Ranunculaus ternatus* var. *glaber*. Mem. Ehime Univ. Sci. Ser. B（Biol.）7：62–68.
Fujishima, H.（1985a）Cytological studies on two varieties of *Ranunculus silerifolius* Lév. in Japan. Jpn. J. Genet. 60：215–224.
Fujishima, H.（1985b）Geographical distribution of cytotypes in *Ranunculus silerifolius* Lév. in Japan. J. Fac. Educ. Tottori Univ. Nat. Sci. 34（1）：23–40.
Fujishima, H.（1986）Karyotype variations of *Ranunculus japonicus* Thunb. J. Fac. Educ. Tottori Univ. Nat. Sci. 35：43–54.
Fujishima, H.（1988）Cytogenetical studies on the karyotype differentiation in *Ranunculus silerifolius* Léveillé. J. Fac. Educ. Tottori Univ. Nat. Sci. 37：33–90.
Fujishima, H., Okada, H., Horio, Y. and Yahara, T.（1990）The cytotaxonomy and origin of *Ranunculus yaegatakensis*, an endemic taxon of Yakushima Island. Bot. Mag. Tokyo 103：49–56.
Fujishima, H.（2003）Karyotypic diversity of *Commelina communis* L. in the Japanese archipelago. Chrom. Sci. 7：29–41.
藤島弘純（二〇一〇）『雑草の自然史——染色体から読み解く雑草の秘密』築地書館
川原勝征（一九九五）『屋久島の植物』八重岳書房
King, M.（1993）Species evolution：the role of chromosome change. Cambridge Univ. Press.
北村四郎・村田　源（一九六一）『原色日本植物図鑑　草本篇Ⅱ　離弁花類』保育社
Lewis, H.（1962）Catastrophic selection as a factor in speciation. Evolution 16：257–271.

Lewis, H.（1966）Speciation in flowering plants – Rapid chromosome reorganization in marginal populations is a frequent mode of speciation in plants. Science 152：167–172.

町田　洋（一九七七）『火山灰は語る――火山と平野の自然史』蒼樹書房

Maideliza, T. and Okada, H.（2005）Genetic diversification among cytotypes of *Ranunculus silerifolius* Lév.（Ranunculaceae）. Plant Species Bio. 20：105–120.

Masamune, G.（1929）On new or noteworthy plants from the island of Yakushima I. Bot. Mag. Tokyo 43：249–252.

正宗厳敬（一九二九）『史跡名勝天然記念物調査報告書（第三輯）植物の部』鹿児島縣

正宗厳敬（一九三四）琉球列島の植物地理学的研究　日本生物地理学会会報五：二九–八六

松島義章・前田保夫（一九八五）『先史時代の自然環境――縄文時代の自然史』東京美術

岡田　博・藤島弘純・矢原徹一（一九八五）屋久島固有種ヒメキツネノボタンの細胞分類学的研究　植物研究雑誌六〇：二九六–三〇二

大井次三郎（一九七五）『日本植物誌　顕花篇』至文堂

佐藤岱生・長浜春夫（一九七九）屋久島西南部地域の地質　地域地質研究報告：種子島（一六）第九号：一–四八　地質調査所

杉本順一（一九七八）『日本草本植物総検索誌Ⅰ　双子葉篇』井上書店

館岡亜緒（一九八三）『植物の種分化と分類』九八–一〇一頁　養賢堂

トムソン、ケン（屋代通子〈訳〉）（二〇一七）『外来種のウソ・ホントを科学する』築地書館

Tsukada, M.（1981）The last 12,000 years – The vegetation history of Japan, II. New pollen zones. Jap. J. Ecol. 31：201–215.

Tsukada, M.（1982a）Late-Quaternary development of the Fagus forest in the Japanese Archipelago. Jap. J. Ecol. 32：113–118.

Tsukada, M.（1982b）Late-Quaternary shift of Fagus distribution. Bot. Mag. Tokyo 95：203–217.

宇井忠英（一九七三）幸屋火砕流　火山第二集一八：一五三–一六八

宇井忠英・福山博之（一九七二）幸屋火砕流堆積物の^{14}C年代と南九州諸火山の活動期間　地質学雑誌七八：六三一–六三二

Yahara, T., Ohba, H., Murata, J. and Iwatsuki, K.（1987）Taxonomic review of vascular plants endemic to Yakushima Island, Japan. J. Fac. Sci. Univ. Tokyo, Sect. 3, Bot.14：69–119.

第7章

青木童彦・小笠原勝・野口達也・竹松哲夫（一九九三）ツルスズメノカタビラとスズメノカタビラについて　雑草学会講演要旨五五：一三四-一三五
藤島弘純（編）（一九九二）『鳥取砂丘の住人たち――自然保護の原点』富士書店
曳地トシ・曳地義治（二〇一一）『雑草と楽しむ庭づくり――オーガニック・ガーデン・ハンドブック』築地書館
本田正次（一九二六）Revisio Graminum Japoniae XI. 植物学雑誌四〇：四三五-四四五
舘岡亜緒（一九八七）ツクシスズメノカタビラ（イネ科）の特性と分布　植物分類・地理三八：一七六-一八六
梅本信也・山口祐子・伊藤操子（二〇〇一）変種ツルスズメノカタビラの分類学的検討　芝草研究三〇（二）：一二〇-一二四
渡辺　修・冨永　達・俣野敏子（一九九八）ツクシスズメノカタビラとスズメノカタビラの種内および種間競争　雑草研究四二（別冊）：一三八-一三九

第8章

朝日新聞大阪本社（二〇一一）朝日新聞朝刊「声」欄（二〇一一年七月三一日付）
川上一郎（二〇一三）潮流「農地の叫び、我慢いつまで」日本海新聞二〇一三年一一月二三日付
桐谷圭治（二〇〇七）生物多様性を支える雑草　雑草研究五二：一九〇-一九一
農林水産省農村振興局（二〇〇五）『経営体育成基盤整備事業　資料一　平成一七年七月二五日』http://www.maff.go.jp/j/study/other/seibi_zissi/h17_01/pdf/data2.pdf（二〇一七年八月二一日閲覧）
農林水産省生産局農産振興課（二〇〇八）『水稲直播栽培の現状について　平成二〇年三月』http://www.maff.go.jp/j/seisan/ryutu/zikamaki/z_genzyo/pdf/01.pdf（二〇一七年八月二一日閲覧）
鈴木秀夫（一九七八）『森林の思考・砂漠の思考』NHK出版
津野幸人（一九九一）『小農本論――だれが地球を守ったか』二一〇頁　農山漁村文化協会
渡辺　修（二〇一〇）逆輸入雑草アキノエノコログサ（種生物学会〈編〉『外来生物の生態学』二七七-二八八頁）文一総合出版

著者紹介

藤島弘純（ふじしま・ひろすみ）

一九三三年　愛媛県松山市生まれ。

一九六二年　愛媛大学教育学部卒業。理学博士。

高校教諭を経て、鳥取大学教授、一九九九年定年退官。

本書は、中国や韓国の研究者と共同で取り組んできた雑草の種分化の機構を遺伝学的・生態学的に解明する研究の成果をまとめた『雑草の自然史——染色体から読み解く雑草の秘密』（二〇一〇年、築地書館）の続編にあたる。よく目にする雑草が、日本の風土にどのように適応して生きてきたのかを明らかにするとともに、雑草がもたらす豊かな自然を概観する。

現住所　鳥取県鳥取市美萩野三-一〇五

雑草は軽やかに進化する

染色体・形態変化から読み解く雑草の多様性

二〇一七年一〇月三〇日　初版発行

著者――藤島弘純
発行者――土井二郎
発行所――築地書館株式会社
東京都中央区築地七-四-四-二〇一　〒一〇四-〇〇四五
電話〇三-三五四二-三七三一　FAX〇三-三五四一-五七九九
ホームページ＝http://www.tsukiji-shokan.co.jp/
印刷・製本――シナノ出版印刷株式会社
装丁――吉野　愛

ISBN 978-4-8067-1546-7

● 築地書館の本 ●

外来種のウソ・ホントを科学する

ケン・トムソン［著］　屋代通子［訳］

2400 円+税

何が在来種で何が外来種か？　外来種の侵入による損失は間違いなくあるのか。人間の活動による傷跡に入りこんだだけでは？　英国の生物学者が、世界で脅威とされている外来種を例にとり、在来種と外来種にまつわる問題を、文献やデータをもとにさまざまな角度から検証する。

雑草社会がつくる日本らしい自然

根本正之［著］

2000 円 + 税

雑草は多様な種類が互いに関係しあいながら社会を築いている。古来、日本人は雑草社会と深く関わることで、「日本らしい自然」を築き、親しみ、利用してきた。雑草の生活様式、拡大戦略や雑草社会の仕組みを解明し、河川堤防などで行われている、「日本らしい自然」再生プロジェクトを紹介する。

価格（税別）・刷数は 2017 年 9 月現在のものです。